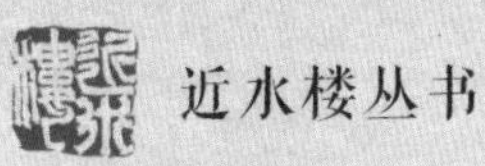
近水楼丛书

近水樓食單

钟哲平 著

羊城晚报出版社
·广州·

图书在版编目（CIP）数据

近水楼食单 / 钟哲平著. —广州：羊城晚报出版社，2016.4

ISBN 978-7-5543-0300-9

Ⅰ. ①近… Ⅱ. ①钟… Ⅲ. ①菜谱 Ⅳ. ①TS972.12

中国版本图书馆CIP数据核字（2016）第074329号

近水楼食单

Jinshuilou Shidan

策划编辑　谭健强
责任编辑　谭健强
责任技编　张广生
装帧设计　友间文化
责任校对　杨　群
出版发行　羊城晚报出版社（广州市天河区黄埔大道中309号
　　　　　羊城晚报创意产业园3-13B　邮编：510665）
　　　　　网址：www.ycwb-press.com
　　　　　发行部电话：（020）87133824
出 版 人　吴　江
经　　销　广东新华发行集团股份有限公司
印　　刷　广州市岭美彩印有限公司
规　　格　889毫米×1194毫米　1/32　印张6.625　字数150千
版　　次　2016年4月第1版　2016年4月第1次印刷
书　　号　ISBN 978-7-5543-0300-9 / TS · 73
定　　价　36.00元

自 序

钟哲平

我住在广州郊区的江岸，这里草木葱茏，日月双清。书斋名为近水楼。岭南温润，百物丰美。每当享用丰饶的瓜果、生猛的河海鲜之时，总怀感恩惜福之心。

沈三白在《浮生六记》开篇写道，他生于太平盛世、衣冠之家，居沧浪亭畔，“天之厚我，可谓至矣”。东坡云“事如春梦了无痕”，不记之笔墨，有负苍天。

我写《近水楼食单》，亦有同感。一汤一饭，实则年华。

岭南佳肴天下闻名。然而吃是不够的，只有亲手触摸过这些美好的食材，用心把它变成独一无二的美食，吃进肚子里，才不负苍天之厚。吃下四季，老于四季，是人与自然最纯朴的和谐。

如今餐饮发达，菜式日新月异，最不缺的就是食谱。《近水楼食单》只是一本私房菜单，只有我才记得，我曾摘下某年盛夏某个荷塘里的荷叶来蒸鲫鱼，曾拾起某棵树下的一篮子鸡蛋花来煲凉茶。而我在焖子姜鸭子的时候，小猫偷了一只焯过水的鸭掌到阳台啃，我找过去，小猫身边的花盆里，不久前种下的紫苏抽出了新叶。于是，淡紫微红长着细细茸毛的紫苏叶，也加到了锅里。鸭肉激发出最鲜美而妥帖的滋味。

一辈子其实焖不了几锅鸭肉的，但一道菜也可以让人记住很久。想起东坡的另一句话，饮食之味，“而其美常在咸酸之外”。是为《近水楼食单》。

目 录

CONTENTS

卷一·珍肴单

食材是彩色的文字，能做出有香味的诗。

卷二·家常单

一口热汤，胜过千言万语。

卷三·时令单

不时不食，其实是一种爱情观。

卷四·点心单

心有灵犀一点通，一道点心，就是一个暗示。

近水楼食单

卷一 珍肴单

食材是一种彩色的文字，能做出有香味的诗。

01.
招子庸画的是广东蟹

写粤讴的广东南海才子招子庸擅画螃蟹。著有《招子庸研究》的岭南大学冼玉清教授说，招子庸画的是广东水蟹，个头大、肚皮白。

招子庸画的当然是广东蟹，不会是大闸蟹。肉嫩汁鲜的广东水蟹和哀婉多情的粤讴一样，是他的乡愁。

蟹有很多吃法，广东人喜欢清蒸。良材不雕，是为上品。有时换一换口味，就用姜葱炒花蟹。近年大闸蟹“横行”到广东，餐桌上又多了蟹黄煮豆腐、蟹黄炒年糕等吃法，口味更丰富了。

好的螃蟹价格不菲，以往并不是百姓的家常菜，好不容易买只螃蟹，吃剩的壳，还可以放几片冬瓜加清水煮煮，撒点淡盐和葱花，又是一个好汤。

记得小时候，新婚的三姨和姨丈到我家吃饭，带了一只大螃蟹。三姨和姨丈都是中学教师，薪水微薄，那只螃蟹是专门为我解馋的。我妈边怪他们花钱，边接过螃蟹，谁知水草一松，一只蟹钳掉到了地上！

原来那无良的蟹贩，偷偷把三姨挑的活蟹换了一只死蟹。死蟹的爪子都已松掉，是用水草固定住的。大家都很生气，可也不舍得把蟹扔掉。那年月也不知什么蛋白质变异这些名堂。一顿姜葱炒“掉脚蟹”，吃得我至今不忘。我还清楚记得，蟹肉还未入口，只是啜一下蟹钳里的汁液，舌头已有难以置信的感觉。

世间鲜物繁多，鱼鲜甜美，虾鲜柔丽，而蟹鲜，是霸道的。

如今吃蟹容易，花样也多。

讲究的人，吃蟹要吃品种，要吃“名湖”，甚至要吃名湖中某一圈湖面下捞上来的蟹。

有人只吃蟹腿，有人只吃蟹黄，有人只吃蟹黄中那一坨透明的软白。

有人喜公蟹，有人喜母蟹，有人要一公一母一起吃，还有强调那一公一母非得是原配。

这些吃蟹的行为艺术，在死蟹都不舍得扔掉的年代是无法想象的。

我的口味和厨艺还没进化到这样神话的境界。我觉得螃蟹只要鲜活，只要合时令，就是美味。

我常做的螃蟹菜肴除了清蒸，就是蟹黄煮豆腐、蟹黄炒年糕。

《红楼梦》里史湘云请众人吃蟹赏菊，凤姐就“命小丫头们去取菊花叶儿桂花蕊熏的绿豆面子来，预备洗手”。这绿豆面子就是绿豆粉，还要用桂花菊花叶熏过，专门去腥。可见蟹好吃，但剥壳挺麻烦。苏东坡说读贾岛诗如吃小鱼，“得不偿劳”。我觉得吃螃蟹也有点读贾岛诗的味道。

把蟹黄和蟹肉取出来做菜，则得蟹之鲜美，而省却了餐桌上五爪金龙剥蟹壳的麻烦。

蟹黄煮豆腐可用山水豆腐，也可用玉子豆腐。蟹肉是豆腐的最佳佐料，只要一点点，便足以改变豆腐的一生。豆腐清淡甘滑，蟹香浓郁悠长。两者合一，滋味缠绵。蟹肉之于豆腐，就像牛油之于面包，都是一往情深。

剥出来的蟹黄蟹肉还可以炒上海年糕。这是一道上海菜，只不过他们是把蟹对半切开来炒的，我是拆肉来炒的。自然就更入味了。

我炒的时候还会加一点清脆的时蔬和爽口的潮州萝卜干，使整道菜的口感更丰富，不油腻，年糕也不易黏在一起。

蟹味被解甲，散发到极致，年糕尽吸精华，吃起来没有一点磕磕碰碰。

如果买到当季的大闸蟹，最好还是清蒸。大闸蟹只宜专享。不是说一个人吃，是说只吃一味。若在一桌鸡鸭鱼肉盛宴中上一盘蟹，则是两败俱伤。先吃蟹，其他菜索然无味。先吃其他菜，味觉受到干扰，蟹味就大打折扣，吃来黯然神伤。

品蟹，味蕾应清淡，为鲜味让位。蒸两只蟹，煲个菜心粒玉米粥正好。

旧时在老城区有一家专吃大闸蟹的大排档。蟹用竹笼蒸熟，一蟹一笼，原汁原味。食客取公蟹母蟹各一笼，店家送姜茶。吃完若不够饱，再叫一碗云吞面做主食，刚刚好。广州的传统银丝面是碱性的，也能消解吃了高蛋白的口腹之腻。此店不卖别的，不炒菜，不炖汤，就独沽两味，后来又添了蟹黄小笼包。

这样简单的搭配是很有道理的，人对美味要怀有谦卑的态度，一点一点品尝，一点一点升华。胡吃海喝，是暴殄天物，也是败坏自己的味蕾。菜心粒玉米粥、猪红鱼片粥、云吞面、芥蓝炒面等清淡的主食，都是吃大闸蟹时的极好搭配。

这些小吃，旧时在珠江边上就有吃，都是艇家的拿手菜。招子庸到花坊上会秋喜，大概也曾蒸上两笼蟹。“讲到销魂两个字，共你死过都唔迟……”杯酒咽下离人泪，江岸潮声送粤讴。

02.
深海美男子

西方人多体格健壮，四肢发达。东方人长得比较收敛，却有着满脑子西方人不可思议的深奥想法。所谓物类相感，连螃蟹也是如此。

我们吃蟹，以湖蟹为上，江蟹次之。海蟹则大而味淡，可食不可品。那大闸蟹、黄油蟹等体形紧凑的蟹，就“满腹菁华”，乃蟹中君子。

西方人吃蟹，喜肉不喜膏，只吃大大只的海蟹。海蟹一般是没什么蟹味的，唯深海之蟹有可取之处。在水质优良且冰冷的深海中，海蟹会努力长出一身肌肉，横行海底。它们的肉质爽口弹牙，口感胜似龙虾。来自美国阿拉斯加或日本北海道的长脚蟹，就是海蟹中的极品。

现在洋节过多了，西餐吃多了，我们也开始接受长脚蟹。脚长则壳软，用剪刀把蟹脚上的薄壳剪开，白花花的肉就露出来了，还释放出淡淡的海水味。用以白灼、清蒸、芝士焗、牛油煨、炭烧，都很有风味。

蒜蓉蒸的做法很简单，把蟹壳剪开，姜蓉蒜蓉剁碎，以油盐拌匀，浇在蟹肉上，蒸6分钟，撒上葱花收火。

白灼就更简单了，把生菜洗净切碎铺在碟中，蟹肉以盐水灼熟，放在生菜上，吃时蘸芥末豉油或牛油煮鲍汁酱。

长脚蟹的脚又粗又长，张牙舞爪开来，如海底的大蜘蛛。吃长脚蟹，就是专吃脚的。超市里卖的冰冻长脚蟹，多是不带身子的。大概渔民捕获长脚蟹时，就把蟹脚取下，把不值钱的蟹身另作他用了。这对于吟诗作对，赏菊品蟹，以纯银“蟹八件”慢条斯理地吃蟹，吃完还能拼回一只整蟹的中国人来说，未免有点粗鲁。隋炀帝吃蟹前，还要用金纸剪出龙凤花纹，贴在蟹壳上面。他要是看见有脚无身的长脚蟹，恐怕会甚感愕然，不知该把金花贴在哪才好。

其实中国也有巨蟹，但形象有点邪。蟹生性怕落雾，雾天之蟹易僵死，民国志异小说《古今情海》就收录了一个“蟹化人”的古怪传说。古时金陵多蟹，有巨蟹常深夜吃人。有一贞女夜遇巨蟹，巨蟹化作美男子诱之。贞女宁死不从，触石而死，化作浓雾罩住巨蟹。蟹僵死于道。

这个故事看得我触目惊心。原来贞女和妖女只一线之差。只可惜了那美男子蟹，用来清蒸，定胜唐僧肉。

03.
水煮霸王

水鱼有很多做法，最著名的是“霸王别姬”。其实此菜只不过把焖好的整只水鱼和整只鸡“面对面”放到盘子里，取个谐音而已。还不如把水鱼和鸡一起炖，来得更入味。如清代童岳荐《调鼎集》中的做法：“大甲鱼一个，取嫩肥鸡一只，各如法宰洗，用大瓮盆铺大葱一层、大料、花椒、姜，将甲鱼、鸡放下，熏以葱，用甜酒、腌酱，隔火两炷香，熟烂香美。”看着就流口水！

水鱼煲鸡、水鱼焖鸡、水鱼和鸡一起打边炉，都是大冷天时的好菜，特别滋补。虞姬是为霸王而死的，风水轮流转，也该让霸王来滋养美女了。

水鱼可焖花肉或焖

鸡。劏水鱼比较麻烦，老人家说，水鱼咬人，要等到天打雷才松口。或叫人在旁大声敲铜盆，让水鱼以为雷公来了。所以买水鱼时最好让档主帮忙宰杀并斩件，记得要割掉壳肉相连处的白筋，不然煮起来会比较骚。水鱼洗净备用。花肉切块，用姜蒜起镬，把花肉爆香，倒入水鱼，炒香后溅几滴白酒，加点鸡汤焖至绵软。此菜偏肥，宜多放辣椒，收火前撒上葱段。

喜欢喝汤的，可用石斛红枣炖水鱼。把水鱼肉洗净，放入砂锅中，放三四颗石斛和红枣，还可加点杞子和桂圆，多放几片姜，注入纯净水。大火煮沸后，捞取汤面浮沫，转小火煮半小时至四十分钟。收火，调味。石斛养阴，红枣养血，水鱼养颜。多喝水鱼汤，不做冷美人。广州人称吃亏者为“水鱼”，面对如此美食，唔食就系水鱼。

水鱼虽其貌不扬，但自古就是席上佳肴。袁枚的《随园食单》就收录了6种水鱼做法，上面提到的《调鼎集》里，水鱼菜式更有15种之多。

某一年的翰海春拍，齐白石的《花卉四屏》拍出了5712万元。花屏上的蔬果稚趣丰饶，题诗意态也很清新。其中一幅《稻穗图》的题诗是“新粟米炊鱼子饭”，可谓画龙点睛，米香扑鼻而来。这句诗其实还有下半句——“嫩冬瓜煮鳖裙羹”。据说宋仁宗有一次召见文人张景，问他家住哪，他答：“两岸绿柳遮虎渡，一湾芳草护龙洲。”即为湖北江陵的龙洲村。皇上又问：“你们那有什么特产？”他说：“新粟米炊鱼子饭，嫩冬瓜煮鳖裙羹。”龙颜大悦。

张景说的是鳖，发音清亮。如果用水鱼二字，就不好入诗了。水鱼不知是什么时候开始的叫法呢？食材的称呼常常有点脑筋急转弯的味道。水鱼不是鱼，鲍鱼也不是鱼，剥皮牛不是牛，海底鸡不是鸡……

水鱼不是水煮鱼，但是可以用水煮鱼的方法煮水鱼，称为“水煮水鱼”。我还试过起出水鱼肉片和裙边，加到水煮鱼中，名曰“水煮鱼煮水鱼”。

04.
陆居仁与东坡肉

天气冷的时候，吃肉御寒是真理。

比如土豆焖花肉，有肉肉的能量，有土豆的淀粉，耐饱又耐寒。取新鲜五花肉，用卤水汁煮熟，切块备用。土豆去皮切块，用平底锅煎至两面金黄。把切好的五花肉倒入，与土豆同焖至绵软。加点XO酱或潮州菜脯炒匀，撒上葱花即可。

还有辣辣的青椒回锅肉，吃得胃暖身热，吃出微汗更畅快。把卤好的五花肉切薄片，以姜蒜起镬爆炒，加入青椒或大蒜炒匀即可。喜辣的可再加点红辣椒干，也能增加色彩。

吃猪肉最痛快的人莫过于苏东坡，不惜为猪肉赋一颂：“净洗锅，少著水，柴头罨烟焰不起，待它自熟莫催

它，火候足时它自美。黄州好猪肉，价贱如泥土。贵人不肯吃，贫人不解煮。早晨起来打两碗，饱得自家君莫管。”

东坡肉名留青史，名气不亚于东坡诗。明代笑话集《雅谑》中有一则关于“东坡肉”的故事。陆宅之甚爱东坡，别人问他，你喜欢东坡文、赋、诗、字还是东坡巾呢？他答，非也，吾甚爱一味东坡肉。

这陆宅之看来是有趣之人，不知何方人士？

搜得杨维祯诗《十月六日，席上与同座客陆宅之、夏士文及主人吕希尚、希远联句》。与杨维祯同座吃喝，定是元代文人雅士了。他们这一顿吃了什么呢？“新泼葡萄琥珀浓，酒逢知己量千钟。犀盘箸落眠金鹿，雁柱弦鸣应玉龙。紫蟹研膏红似橘，青虾剥尾绿如葱。彩云吹散阳台雨，知有巫山第几重？”腐败啊！

杨维祯与陆居仁、钱惟善合称“元末三高士”，生前互相唱和，死后同葬，真是名副其实的“老友鬼鬼”。再查陆居仁，字宅之，果然是他！这陆宅之吃猪肉吃得容光焕发，诗文书法均得意。晚年有草书《苕之水诗卷》，笔势如其诗句所言，颇有“逸兴横生风雨意”。

05.
大鱼的魔法

偶然在超市或大型市场看到硕大的野生湖泊大鱼，都被其巨大的体形所震撼。有一次看见一个巨无霸鱼头，兀自耸立在冰块上，鱼嘴还在张合着，好像在说：“瞧我多新鲜，快来吃我吧，吃我吧！”我远远地就被吸引过去，立即买了半只——实在无法吃下一只，半只已经有5斤多重了。

这么大的鱼头，清蒸显得味太单薄。鱼头太大，要干掉它得吃上好一会，如果凉了，就容易腥。干脆用高汤浸，吃上一会可以整锅再加热一下。这样有汤有菜，汤汁鲜甜，鱼肉结实，口口丰腴有浓香，这只大鱼头可算充分享用了。

我做的是虫草花浸水库鱼头。把巨无霸鱼头洗净、去腮，静置片刻，沥干水。鱼鳔肥厚，要翻开来洗净，切成几块。把老姜片、胡椒、虫草花、瘦肉、鱼鳔放进锅中，加入清水，开火，水开后转中火炖半小时，煮成高汤。在汤里加点盐，把大鱼头放进锅中，用小火慢慢浸熟。用汤勺反复把汤汁浇在鱼头上，使其受热均匀和入味。鱼头熟透后，在锅中撒上芫荽和葱花，收火。吃的时候整锅端上桌，边吃鱼肉边喝鱼汤。也可另外准备一碟葱油和蒜头辣椒豉油，蘸着鱼肉吃。

把鱼头煮得香喷喷，才对得起这条大鱼。体形巨大的鱼在不同的文化中都带点神话色彩。我曾听一位珠三角的渔民说，他们捕到很大的鱼时，都会点上一炷香拜一拜。因为他们相信大鱼可能是龙的栖身之处，所以焚香请龙离开鱼身，不要受伤。

大鱼到了西方，则化身为有魔法的生灵。在电影《大智若鱼》（《*Big Fish*》）中，父亲口中神秘的大鱼和人生活在一起，而人永远捉不到它，它却洞悉父子亲情，知晓一切人间的情爱。

最有想象力的，是日本浮世绘版画中的大鱼。歌川国芳画的《源为朝被精灵所救》，那鱼大得画不下，要用三联版画才能完成。史传源为朝“身高七尺，豺目猿臂”，而在大鱼面前，还是渺小得很。

日本人对于海里的大鱼，有着离奇而暧昧的认知，不是力大无穷，就是有着某种天然的奇异技能。这类题材的画作往往令人过目不忘，你只要看看葛饰北斋画的销魂采珠女和大章鱼就知道了。

06.
李鸿章爱吃鸡吗？

河北石家庄保定会馆，有一系列“李鸿章菜”：李鸿章烩菜、李鸿章豆腐、李鸿章乱炖、李鸿章鸡……

李鸿章鸡是因为李鸿章喜欢吃而得名吗？向来只听说过

左宗棠鸡，那是洋人的中餐。大概是鸡肉先炸后炒，佐以姜蒜辣椒，色香味俱全。被一纽约华人厨师命名为左宗棠鸡以弘扬中国特色，实则和左宗棠毫无干系。

没想到李鸿章与左宗棠斗法，斗到鸡肉上来了。

我在保定会馆吃的李鸿章

鸡，即虾仁炒鸡块，确实好吃。虾仁爽口，鸡肉鲜嫩，互相入味，风味极佳。最难得的是，连鸡的白肉部分都很嫩滑。回来后我查了一下，原来这就是保定名菜“鸡里蹦”。话说康熙出巡白洋淀，大学士张廷玉府上的名厨以雏鸡肉切块炒白洋淀鲜虾。康熙大赞，问菜名。厨师为突出虾之鲜活，起名为“鸡里蹦”。

吃过以后，我也试做了一下“李鸿章鸡”。鸡肉切块，以油、生粉、沙茶酱腌过。保定菜“鸡里蹦”是以甜面酱腌肉的，口感偏甜。我以潮州沙茶酱腌制，吃起来更鲜香。冰冻虾仁解冻备用。如果用鲜虾剥制，可把虾焯熟，去壳，然后冰冻两小时，使虾仁更爽口。姜蒜起镬，慢火煎鸡块，煎至金黄，溅几滴白酒，把鸡炒熟。煎过的鸡块代替了走油的效果，外皮香脆，咬下去仍有肉汁。虾仁下锅，与鸡块炒匀，加点花生或腰果即收火。

“鸡里蹦”之所以会变成李鸿章鸡，大概是保定会馆为了配合名人效应改的。或者只是东道主介绍的时候说顺口了，一路“李鸿章”下去。于是，李鸿章和左宗棠这水火不容的二位大爷，都在自己毫不知情的情况下成为菜名，名扬四海。

人名入菜，素有渊源。

以名入菜，如苏轼的东坡肉。

以绰号入菜，如陈麻婆的麻婆豆腐。

以官衔入菜，如丁宝桢的宫保鸡丁。还有广东翰林江孔殷的太史蛇羹，更是大名鼎鼎；可惜随着江家后人的颠沛流离，已经失传。

以姓入菜的就数不胜数了，尤以北方菜多。食物加上掌勺人的姓，就是一道菜名，倒也方便。光是北京就有潘鱼、馄饨侯、豆腐张……一些有头脑的商家，就卖起陆羽茶、杜康酒，动辄寻根问祖。

有趣的是，菜名面前无分尊卑，人人平等。我们广州名点鸡仔饼又称小凤饼，就是一个叫小凤的丫鬟做出来的。谁又会想到，爆肚隆的“隆”，是指乾隆皇帝呢？

07.
神仙都“企唔稳”

广州人形容狗肉香，说“狗肉滚三滚，神仙都企唔稳”。我是不吃狗肉的，但也闻过狗肉香。以前一到入冬，广州街头不少大排档都竖起狗肉煲的招牌。狗肉已焖好，论斤上。用砂锅盛着，烧木炭，配生菜和腐乳酱。食客三三两两坐在大排档前，吃得热火朝天。那样的肉香味招摇在寒冬里，确是能让路人脚步恍惚的。

其实一锅好肉，焖得香香，就能勾人馋虫，何必去吃狗狗！焖鸡、焖肥鹅、焖五花肉，都是浓香甘腴，香飘满屋的，足以令神仙垂涎。

游五台山时，我在山货店里抓起一把台蘑，一闻，就知道这是好菌，因为有肉味。我问店家，有没有品质更好的？店家指着墙边的几个麻袋说，那些都是，越往里越贵。我一袋一袋闻过去，闻到最后一袋，有鸡肉味！买了一斤。

回家后把台蘑洗净，以清水浸泡几分钟，使沙尘沉淀在碗底，捞起台蘑，倒掉碗底的水。反复冲泡几次，台蘑泡软后，剪去尾部硬物。鲜鸡半只斩件，用一点盐和生粉腌着。

把蒸馏水倒进砂锅，放两片姜，放入泡好的台蘑，煮开后转小火煮20分钟，使台蘑出味。调到中火，倒入鸡块，煮至鸡肉熟透后收火，盖上砂锅盖子焖10分钟。掀盖后可稍微撇去汤面的鸡油再上桌。鸡油可留下来炒菜。喝汤吃肉，加个青菜就是一顿美餐了。

台蘑本身有鸡味，又有菌类的木香，再与鸡肉同煮，互相提升，浸出一锅滋补好汤。当砂锅盖噗噗作响，台蘑浸鸡的香味从厨房飘出来时，真是“神仙都企唔稳”。

08.
“杂食”的修炼

腊味各地都有，风味不同，做法不外蒸和炒。广式腊味也以蒸炒焗饭为主，只有少数老广州会用腊鸭煲粥，是典型的阿婆住家菜。腊鸭生菜马蹄粥的材料是腊鸭、珧柱、马蹄、陈皮、姜和生菜。腊鸭用温水洗净，斩件，怕油的话可去皮。马蹄洗净削皮，一分为二更易出味。生菜洗净切成丝备用，把鸭肉、马蹄、姜片、陈皮、珧柱和大米放进砂锅，冷水同煲，沸腾后转小火，熬至大米“飞”开，粥质绵滑，收火撒上生菜丝即可。切出来的腊鸭皮可以炒荷兰豆，风味极好。

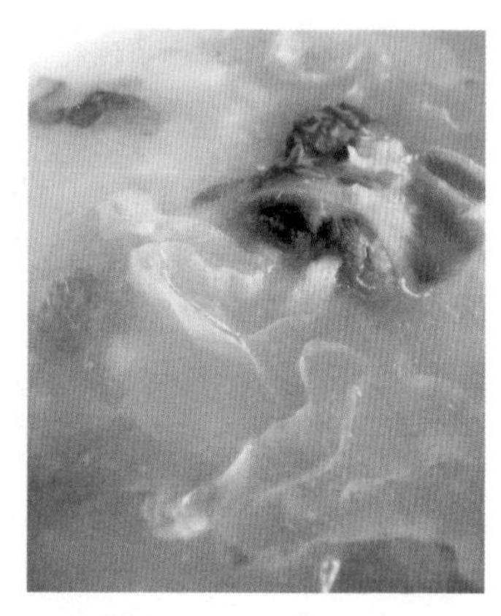

家里有腊鸭头颈或咸鱼头，蒸的话嫌肉少，用来煲芥菜汤，也是“有汤有餸”的平民菜式，而且有“祛痰火”的极佳疗效。

我一直以为煲腊鸭是地道的广州吃法。后来到开平恩平一带，发现这里的老太太也喜欢煲腊鸭菜干粥。放了菜干，就看不出腊鸭粥特有的乳白，但菜干能吸油，很甘香，口感上又略胜一筹。

再到韶关珠玑巷，看见家家户户门前都挂根竹竿，晾着腊鸭和鸭肾鸭肠，阳光下，整条老巷油光莹莹，“荡气回肠”。腊鸭肾就是陈肾，煲西洋菜汤绝佳。我拿起鸭肾闻了闻，是真正风干的，有山风的味道。我问，鸭肠怎么吃？卖鸭阿婆说，煲粥一流！买回来试了，腊鸭肠煲过粥后，与新鲜鸭肠一样爽口，像刚从火锅里捞起来一样。而腊油的咸香已融到绵滑的粥里，啖啖甘腴。

然后在书上看到逯耀东先生介绍腊鸭。“广东人吃东西，不仅有寒热之别、燥湿之分，而且还有季节性。秋风起三蛇肥，北风来吃腊鸭。腊鸭就是南安鸭……所谓南安鸭，是用产于江西大庾县的一种鸭子，经过腌制而成。大庾古称南安，故名。当年每当北风起，由人担着刚腌制的鸭子，过大庾岭入广东，自北江溯流而上，等到了销售地，南安的鸭子已经风干，恰好食用。”这么说，腊鸭并不是广东人发明的，起码不是广东独创的。

后来在湖北菜馆吃过腊鸭焖莲藕和腊鸭萝卜汤，也觉得很好吃。腊鸭焖藕我做不了，因为买不到那种藕断丝连的粉藕。如果用脆藕焖鸭，腊味渗不透藕身的丝丝缕缕，岂不貌合神离？腊鸭萝卜汤就好办了，材料普通，做法简单，一试即成。我还加了广东的新会陈皮，去鸭腥，令汤味更醇厚。腊鸭萝卜汤在厨房小火沸腾着，我坐在书房，都能闻得到浓香。

四川的朋友每年都自己晒腊肉，用腊肉汤煮大青菜。可见各地都有煲腊味的吃法。所谓美食的地域性，本来就不是绝对的。美食不怕杂，只怕不伦不类。“杂食”是对味蕾的修炼，使其更敏感，更细腻，从而更能体味出原味，忠诚于原味。口味可以调教，并且需要调教。粤菜让全国人民知道什么叫原汁原味，掀起一股健康美食的革命。与此同时，广东人也不断接受四方美味，相逢恨晚。好几位看过我写成都游记的老同学，都对川菜垂涎欲滴。这些当年和我一起在学校门口凑钱吃竹签穿牛腩和咸酸萝卜的同学，都是地道的广州人。他们不约而同地表示对粤菜有点乏味，越来越喜欢吃川菜。我知道，这是因为我们长大了。川菜，是菜系中的成人文学。

09.
细骨的鱼儿最鲜

鲮鱼价虽不贵，鱼命却很矜贵，在鱼池中不易养活。所以鱼贩多将其制成鱼滑，难见全鱼。一年中只有深秋，鲮鱼最健美之时，才不时在有氧气的鱼缸中看得见鲮鱼的倩影。也难怪它娇贵，看它那在水中悠游的样子，就与群鱼有别。身材修长，鱼鳍翩翩，泳姿婀娜，转弯虽不急促，但侧身时鳞光幽幽一闪，也有几分含羞之态。

鲮鱼鲜甜，但不适合小孩吃，因为骨刺多且细，很难剔清。鲮鱼只适合二人世界“撑台脚”时吃，刺多吃不快，正好细挑慢拣，把盏言欢，卿卿我我，吃到月上西楼。

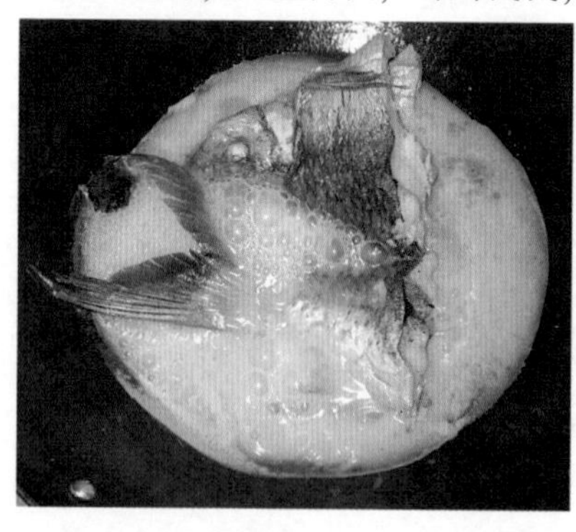

其实，所有多骨鱼，都是适合情人吃的，边鱼、鲥鱼、白鲫，哪一样不是以鲜美来回报吃者的耐心呢？两情相悦，四目相投，若连吃鱼的耐心都没有，又如何曲尽其妙地体味爱情那万般迂回的滋味呢？

古往今来妙人很多，真正懂鱼之妙的人却不多。

金圣叹不知在什么时候说过，刀鱼刺多是人生恨事之一。张爱玲执其“口水尾”，在《红楼梦魇》里发挥为，人生之恨事，一恨鲥鱼多刺，二恨海棠无香，三恨红楼未完。

我最想不通的是苏东坡，应是极解风情之人，也是有名的好吃之士，竟然也怕鱼刺。他不喜欢贾岛的诗，就说读贾岛诗“初如食小鱼，所得不偿劳……不如且置之，饮我玉色醪”。这就有点不厚道了。我觉得贾岛的诗也并非那么如鲠在喉啊。“秋风吹渭水，落叶满长安”，“泪落故山远，病来春草长”，都颇有鱼游雁飞的无痕之美嘛。莫非竟是这位好苦吟的贾岛，比苏东坡更懂吃鱼？不对，他是和尚，按说不管多刺鱼无刺鱼，都吃不得的。不过贾岛是韩愈的好朋友，韩愈在潮州当官。潮州人懂鱼是天下闻名的，吃鱼讲季节、讲品种、讲部位、讲烹调，甚至鱼头上桌还要讲朝向，都吃出精来了。潮州人说吃鱼要吃“鳙鱼头草鱼尾”，草鱼尾就很多刺，但识味之人用来煮冬瓜汤，或焖出鱼胶来煮豆腐，都是人间美味。这么一拉关系，也许贾岛以吃草鱼尾的精神来吟诗，佳句偶得。

苏东坡骂贾岛时可能未知多骨鱼之妙，后来应该也爱吃了，他不是也说“芽姜紫醋炙银鱼，雪碗擎来二尺余。尚有桃花春气在，此中风味胜莼鲈”吗，这银鱼指的就是鲥鱼。鲥鱼当然比鲈鱼好！别说滋味华丽得多，就连躺在碟子里的姿态，也要多情得多。

古人也有不怕鱼刺的。郑板桥是一个，他有诗“江南鲜笋趁鲥鱼，烂煮春风三月初”，读罢犹觉鱼之鲜香随风飘至。大食家袁枚也在《随园食单》里专门介绍刀鱼，称其“鲜妙绝伦”。他还嘲笑金陵人因怕刀鱼多骨，把鱼煎干来吃的做法是“驼背夹直，其人不活”。可见他这种识食之人，对不识食之人，简直是心有恨意的。

我将鲮鱼身用榄角蒸，鱼头鱼尾煮木瓜汤的做法，正是向识食的前辈致敬的。

市场买回新鲜鲮鱼和青木瓜，剖鱼后洗净并擦干鱼身。备好榄角、姜、蒜头，不怕辣的话可加点红辣椒干来钓味，色香更佳。将鱼头鱼尾略煎，溅点米酒，然后放水煮汤，怕腥者可加点胡椒。把青木瓜去皮，切成小块，

待鱼汤成奶白色后，放入木瓜继续煮十来分钟即成。将榄角、姜、蒜、辣椒切碎并在油锅中走一下油，走油时放一点盐，配料会更香。将走过油的配料连油一起浇在鱼身上，再均匀撒上盐和姜丝，待蒸锅水开后把鱼放入，蒸6~8分钟。鱼汤甜，鱼身鲜，简单实惠的鱼餐就做好了，煮过汤的鱼头鱼尾也别浪费，捞起点辣椒豉油，又别有风味。鱼嘴甚肥美，民间有说法，“卖田卖地，都要吃鲮鱼鼻”。

此一鱼二食法。榄角的香味，清如秋水，可提升鲮鱼鲜味的层次感，令鱼肉在舌上渗出更深情之味。保鱼鲜要注重火候，按《随园食单》的说法，鱼肉要以“玉色为度，一作呆白色，则肉老而味变矣”。至于木瓜鱼汤，清甜滋润，很适合秋冬干燥天气。青木瓜是为数不多的，在青涩之时已开始性感的水果。为什么？想想越南电影《青木瓜之恋》中，小梅推窗仰望木瓜树，看着洁白的汁蕊滴落翠叶时的眼神吧。

如果不习惯木瓜汤比较“低回”的味道，可以用较传统的方法，把鱼头鱼尾煲老火粉葛汤，既能祛“骨火”，也十分美味。只要善烹识食，多刺鱼自有多情滋味。香菇丝花雕蒸鲥鱼和豆瓣酱酸荞头蒸乌鱼也是典范，望名而知味。

10.
这是鱼，不是牛

女儿第一次吃剥皮牛时，瞪大眼睛，说：“这叫什么鱼？怎么这么鲜？”我说：“剥皮牛。”她眼睛瞪得更大说：

“明明是鱼，怎么是牛呢?”我说：“名字可以随便起。比如一只小猫，可以起个名叫‘狗狗’。”女儿又问：“它在水里的样子像一头游泳的牛吗?”我说：“它在水里的样子像一只羊。”女儿说我胡说八道，我上网找到剥皮牛的图片，她信了。

剥皮牛，学名马面鲀，就是一种名字叫牛，样子像羊，实际是鱼的动物。得名倒是好理解，因为皮厚粗如牛，必须剥了皮再煮，所以叫剥皮牛。又因其头上有角如羊，所以也有别称为“羊鱼”。

剥皮牛有大小之分。小鱼肉削味淡，只宜煎炸下酒，不上档次。一斤以上的剥皮牛，肉嫩滑，鲜味傲视群鱼，鲜得很牛。适合清淡蒸煮，可用豆瓣酱炆，或用盐水萝卜丝煮。

在冰鲜鱼档买回剥皮牛，叫档主代为去头、剥皮，买回蒜头、姜、芹菜和普宁豆瓣酱，要认清是不辣的普宁豆瓣酱，不是辣的四川豆瓣酱。把剥皮牛洗净，擦干水，在鱼身上切开几刀。把蒜头剁碎，进油锅微炸，然后将炸香的蒜蓉铺在鱼身上。把姜切成丝，也铺在鱼身上，再浇上豆瓣酱。水沸腾后鱼入锅蒸7分钟。热锅中放少许油，将芹菜丝倒入稍炒一下，再把蒸鱼碟中的豆瓣酱鱼汁倒入，继续炒芹菜，把芹菜和汤汁倒回鱼碟中盖住鱼身，可上桌。

香芹豆瓣酱煮剥皮牛是典型的潮式风味。我的做法比一般潮菜的豆酱炆鱼更清淡，以蒸为主，更能突出鱼鲜，保持肉嫩，且酱汁不会太厚，看起来清爽诱人。

剥皮牛不是牛，海底鸡不是鸡，狮子头不是狮子的头，龙虱当然不是龙身上的虱子。还有东坡肉，肯定不是苏东坡身上的肉！西施舌，也绝不可能是西施的舌头，只是一种类似鲍鱼的海鲜。至于西施乳，命名人的智慧就更奇绝了，那竟是河豚雄鱼的腹膏！宋代笔记《云麓漫钞》记载："河豚腹胀而斑状甚丑，腹中有白曰讷，最甘肥，吴人甚珍之，目为西施乳。"

很多地方食物的叫法，也像智力题。南京的赛螃蟹是炒鸡蛋白。高邮的虎头鲨不是鲨鱼，在苏州叫作塘鳢鱼。四川人爱折耳根。谁折谁的耳根？哦，原来是说鱼腥草。

女儿若听到这些，又该说我胡说八道了。

11.
才有茶香便不同

有家潮菜餐厅有味豆酱鸡，肉香皮爽，我常点此菜。后来不知怎的没了这个菜，点菜时老说豆酱鸡沽清了，不如换成老鹅头？豆酱鸡68元，老鹅头280元，岂有此理。

于是我就自己做豆酱鸡。市场买现宰活鸡一只，交代劏鸡的人将鸡"开窿"，不要破肚。将鸡掏空内脏，里外洗净，用干布擦干水，鸡杂洗净用盐和生粉腌着留用。用豆瓣酱将鸡里外抹匀，豆瓣酱干后，再抹一层酱油或豉油鸡汁以添色，干后再抹一次豆瓣酱。将豆瓣酱内的黄豆塞进鸡肚子里，用保鲜纸把鸡连碟封好，放进冰箱下层腌制半天。将腌好的豆酱鸡取出，在碟底、鸡肚、鸡身面上分别放些已稍泡开的铁观音茶叶。将鸡放进蒸锅蒸半小时。待鸡放凉后斩件上桌。

我以前经常做客家隔水蒸咸鸡，就是整鸡抹上盐腌透拿来蒸，放凉后斩件，鸡味保留最十足。这回做豆酱鸡，其实就是把抹盐的程序换成抹豆瓣酱。神来之笔在于豆酱鸡入锅前，我泡了小撮上等铁观音，将茶叶与鸡同蒸。蒸毕揭盖，奇香诱人。

我做的茶香豆酱鸡色泽金黄，看起来比潮菜馆的豆酱鸡更亮泽。吃起来，因有了茶香，口感更有层次，更高级。肉甘盈舌，茶香绕指。杜耒《寒夜》诗言："寻常一样窗前月，才有梅花便不同。"眼前这道菜，是寻常一样豆酱鸡，才有茶香便不同。那潮菜馆从此可以不去了。

12.
鸡亦有功之物

南昆山龙门鸡是山地圈养的好鸡，但个头较大，蒸嫌肉老，白切嫌味粗。我做过的龙门鸡菜式，有两味极好吃，一味是用茶树菇焖，另一味是生炒。

草菇有种迂回的香味，马蹄则清甜爽口，最擅长去肉的腥腻。市场买回现宰龙门鸡一只，将鸡洗净，鸡腿、鸡翅斩件用来炒，鸡身去皮后用来煲汤。用盐、生油、生粉、姜丝腌制鸡块。将新鲜辣椒、草菇、马蹄洗净切成小块。鸡块腌一小时后，可以下锅炒。油锅烧热后，放入姜蒜、鸡块爆炒，炒至鸡块七八成熟，依次放入马蹄、辣椒、草菇，不断翻炒。炒熟后溅几滴白酒，收火上碟。

草菇马蹄生炒龙门鸡，每一口都有不同的滋味，最妙的是鸡肉的弹牙，让你欲罢不能，吃完一盘鸡，不禁觉得牙帮有点酸。这种酸又不时刺激唾液分泌，让你对弹牙之鸡的口感回味整晚。

李渔的《闲情偶记》说："鸡亦有功之物……以功较牛、犬为稍杀。天之晓也，报亦明，不报亦明，不似畎亩、盗贼，非牛不耕，非犬之吠则不觉也。"可见人类吃鸡是光明正大的。但鸡毕竟有功劳，所以李渔又说："鸡之有卵者弗食，重不至斤外者弗食。"

鸡乃天下之美味，人人都喜欢，忍心要吃，不忍心也要食。只好把鸡做得好味些，也算善待鸡了。草菇马蹄生炒鸡，则是十分善待了。

13.
飞雪无声蚌玲珑

顺德人善制鱼生。顺德厨师说，鱼最忌“失魂”。鱼受惊，肉就不鲜。捞鱼做鱼生时，要用双掌慢慢托着鱼，让它在水中游一会，然后出其不意捞起，以刀背杀之。鱼死了都不知自己是怎么死的，鲜味可保。顺德人说得玄乎，未必可信。但“失魂鱼”无味，倒真有此说。

象拔蚌无头无脑，本无魂可失。但我还是见识了一回“失魂蚌”。

象拔蚌喜湿冷，放在冰箱下层，可活三四天。我第一次从黄沙码头买回此物，用毛巾垫着放进冰箱，保姆一开冰箱，惊叫：“妈呀，这是什么东西！”随即满脸通红。此“失魂蚌”也。非蚌失魂，乃蚌令妇失魂耳。

后来尽管见多了，但每次我给象拔蚌开膛破肚时，保姆也只肯在旁帮忙烧水、备刀，死活不敢碰这长物。

象拔蚌一看即知是蠢物，比鱼低等，但滋味之鲜与口感之爽均胜鱼。杜甫嗜鱼脍，即切成薄片的鱼生，曾有诗言“无声细下飞碎雪，有骨已剁觜春葱”。象拔蚌更雪白，更鲜甜，且连骨都没有，若杜甫时代的人懂得吃它，可能现在已经绝种了。

对付这种至鲜之物，酒家大都用来做刺身。我没那样的技术把蚌肉切到纸般透明，而且总觉得还是烫熟了吃更卫生、安全。在火锅中灼过的蚌片，那种清甜，是生吃分解不出的。斜着刀细细地把蚌肉切成片，在碟中摆开，也很有竹枝词中“鲜鱼脔切玉玲珑”之美。

切片的方法是，把象拔蚌入沸水煮30秒，捞起。去蚌壳，将蚌皮撕落。将蚌肚取下，切块，用姜、生粉、白酒、盐腌着，备煮粥用，另洗好半碗米，也用些许盐和生油腌着。用鱼生刀将蚌肉切成透明薄片，摆置碟中。将莞荽等香菜切碎淋上滚油，再加上酱油、麻油，调成火锅蘸料，另将芹菜梗切碎备用。

一碟玲珑上桌，高汤煮沸，浅浅涮，密密夹。

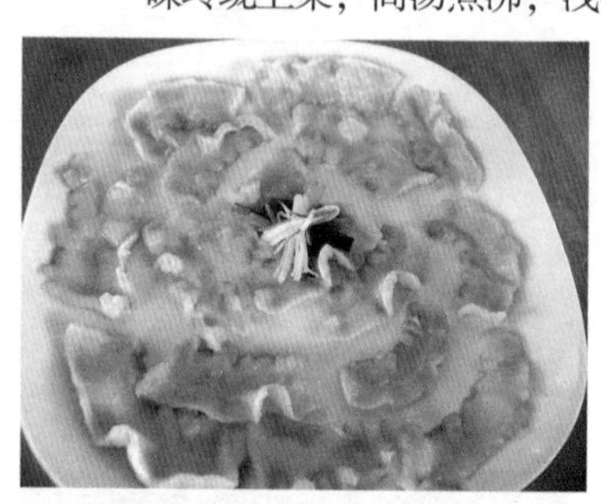

象拔蚌适合与鸡同烹火锅，清水沸腾后，放入姜片和鸡肉，边煮鸡，边涮蚌片，吃完蚌，再吃鸡。肉吃得差不多，将米放进锅中，慢慢煮开，约15分钟将成米粒完整的潮州粥，倒进腌好的象拔蚌肚肉，再煮5分钟，最后倒进芹菜碎，收火吃粥。

西晋吴郡人张翰在洛阳做官，秋风一起，便思念起家乡的莼菜羹和鲈鱼脍，竟辞官回家。他定不知天下还有象拔蚌脍，不然，可能辞了官也不回乡，到广州来了。他辞官时说，人生贵得适意尔。

人生适意何在？大概就是天冷吃火锅时，窗户上泛起的雾。

14.
桂酒飘香一夜情

几年前去阳江，吃过两道好菜。

一菜名“一夜情”，即用盐腌过一夜的鱼，以油慢煎或微炸，咸、香、鲜俱在，很下饭。此菜既有咸鱼之香，又不失鲜鱼之甜。食客皆叹，“一夜情”果然比干巴巴的“黄脸咸鱼”更妙！阳江的朋友说，“一夜情”，原名“一夜埕”，粤语同音，巧转成名。渔民出海打鱼，往往要几天才上岸。他们怕鱼变质，就将鱼整条仍进装盐的埕中腌着，回家再取出来吃。所以一夜情咸鱼，并没有什么浪漫色彩，是很艰苦朴素的。

后来每去阳江，我都说，你们那一夜情不错，来一点吧。朋友说，我们不止有一夜情的，今天带你去吃“生死恋”！原来是咸鱼蒸鲜鱼。此菜果然也有意思。与咸鱼合蒸过的鲜鱼，更有大海的气息，空口吃下，清香绕舌。与鲜鱼合蒸过的咸鱼，肉不太硬，闪着晶莹的油花，用以下酒，不输鹅肝。咸鱼和鲜鱼蒸出的鱼汁，浸着细细的姜丝，用以捞饭，食不知饱。

久未去海边，“一夜情”与“生死恋”成远味。

秋风起，常以腊鸭焗饭，金黄的鸭油被砂锅的热力逼进香软的米饭中，满口回甘。我突然想，以一夜情之法烹鸭，应更丰腴。我常用盐腌整鸡，风干后焗饭，十分美味。效此法腌鸭，也应不错。但鸭肉比鸡肉略腥，鸡光用盐抹就很香了，鸭还应有点酒香好。于是大胆创新，腌下半只醉鸭。

鸭子洗净并掏去内脏，放在流动的清水中冲洗约15分钟，把血水彻底冲净。用干布将鸭子擦干水，将肉中渗出的水也尽量吸干。把鸭子放在大碗中，倒入整瓶桂花陈酒，泡过鸭身，浸泡一小时。将喝饱桂花陈酒的鸭子捞起，自然沥干。在鸭身内外均匀抹上生粉，令稍后腌制时盐分渗透更均匀，并且保持鸭肉味不过分流失，口感鲜嫩。在鸭身内外抹上重盐，在通风处吊起。鸭子浸透桂花酒，挂在窗前，享受高楼清风日夜吹拂。挂一夜后，“一夜情鸭子”下架焗饭，我又想起了“生死恋”，再取小块腊鸭，加进一起焗。盐香、酒香、腊香，香香互转。饭熟揭盖，将剁细的芫荽、姜丝、陈皮丝撒入拌匀，奇香满屋。

据说乾隆甚爱南方菜肴，御膳必备酱萝卜和大头菜，尤喜江南挂炉鸭子，行宫中也备有烤炉随时挂鸭。曹雪芹亦同好，放言“有人欲读我书不难，日以南酒烧鸭烹我，我即为之作书”。烧鸭应和挂炉鸭差不多，南酒可能是南方乡间的米酒。客家糯米酒不知算不算？我梅州的姑婆很会酿。

挂炉鸭挂于火，脆香在齿。一夜情鸭子挂于风，风味入舌。如果乾隆和曹雪芹喝过我用鸡块炒的客家糯米酒，吃过我首创的挂风醉鸭，有多少历史，会重写呢？

15.
送给东坡的鱼

“自我来黄州，已过三寒食，年年欲惜春，春去不容惜。今年又苦雨，两月秋萧瑟。卧闻海棠花，泥污燕支雪。暗中偷负去，夜半真有力。何殊病少年，病起头已白。

春江欲入户，雨势来不已。小屋如渔舟，濛濛水云里。空庖煮寒菜，破灶烧湿苇。那知是寒食，但见乌衔纸。君门深九重，坟墓在万里。也拟哭涂穷，死灰吹不起。”

我一遍一遍地看《寒食帖》，突然悟到，令东坡心灰意冷的原因，就在寒食日。灶冷心凉，万念俱灰。如果屋里有一锅暖汤，哪怕是清汤野菜，他的寂寥也不至于这么锋利。因为他是东坡。

“我本江湖一钓舟，意嫌高屋冷飕飕”，东坡是不在乎身居陋室的。他也不怕风雨，乐于“卧听萧萧雪打窗”。他亦知生命之无常，“应似飞鸿踏雪泥”。

而这天，一切都是湿冷的。火能温食，亦能暖心。“一蓑烟雨任平生”的东坡终于在寒食之日放任悲戚了。难怪风水学说厨灶是养命之源，位居“阳宅三要”。原来冷暖厨灶，即冷暖人生。

厨房冷冷清清的，我肯定受不了，一天总要开火煮点什么才舒服。要是我妈在家就更了不得，厨房是整个白天不熄火的，煲汤煲糖水煲凉茶，煮饭炒菜蒸馒头。我喜欢这种热气腾腾的感觉。口腹一暖，心里就旺盛起来。

看了《寒食帖》，才知道从前真是枉读东坡诗了。灶一冷，就伤心——这才是东坡最可爱之处，至情至性之处。

《寒食帖》之郁郁让我无处排解。我放下书站起来，到厨房去做饭。我要为东坡做一道菜，而“味在咸酸之外”。把黄花鱼剖净后擦干鱼身，姜蒜剁成蓉，取新鲜柠檬皮切成丝。姜蓉蒜蓉用油盐捞匀，均匀铺在鱼上，再放上柠檬皮丝，蒸8分钟，撒上葱花。

《东坡志林》有一则小故事，叫“黎檬子”，寥寥数字，引人唏嘘。

“吾故人黎錞，字希声。治《春秋》有家法，欧阳文忠公喜之。然为人质木迟缓，刘贡父戏之为‘黎檬子’，以谓指其德，不知果木中真有是也。一日联骑出，闻市人有唱是果鬻之者，大笑，几落马。今吾谪海南，所居有此，霜实累累。然二君皆入鬼录。坐念故友之风味，岂复可见！刘固不泯于世者，黎亦能文守道不苟随者也。”

“黎檬子”是一种类似柠檬的东西。东坡见“黎檬子”怀友，而我怀东坡。柠檬皮蒸黄花鱼是我的拿手菜，色泽温暖，清香鲜美。虽然迟到了一千年，但东坡自知“偶得酒中趣，空杯亦常持”之境。何处无鱼？何时无诗酒？但少知味者如东坡耳。

近水楼食单

卷二 家常单

一口热汤，胜过千言万语。

16.
同煲吃饭要修几世？

粤菜讲究镬气，镬气在菜叶尖上停留的时间极短。如果厨房离餐厅远一点，再好的厨师炒出来的菜也难有镬气。我们常常觉得大排档的菜比酒店的有镬气，这是一个很重要的原因，并不全在厨师。如果是那种分菜的宴会，或是比赛看谁把一碟菜做得最不像一碟菜的厨艺竞赛，就更无镬气可言了。有的只是匠气。

为了上桌以后也能保持镬气，广东人就发明了声势浩大的啫啫煲。常说色香味是美食的三要素，粤菜啫啫煲则具备了第四要素——嗞嗞有声的气势。

啫啫煲是地道的大排档粤菜。店家常用的砂煲都用铁丝箍着，不容易爆裂。粤语形容情侣或夫妻分手，叫“掟煲”。锅都扔了，还不散伙？若有人劝说他们不要分手，叫“箍煲”。箍稳了，散不了。将心比心，重情惜缘。民间俚语，充满这种生动的温情。

家庭做啫啫煲，常见的有啫啫鸡、啫啫鱼头、啫啫乳鸽、

啫啫牛仔骨、啫啫排骨、啫啫猪杂……

把砂煲慢火烧热，在锅底扫一层薄油，放姜片、蒜头和葱白啫一下，盖上盖子，焗住里面的热空气，把砂煲烧得嗞嗞作响。掀盖，迅速把腌入味的肉类倒下去，用筷子翻动使受热均匀。砂煲的底部是上过光油的，不易粘底，只要适当翻动，就不会煳。啫啫鸡可以加点豆豉，比炒出来的豆豉鸡更香。啫鱼头可以放一点料酒，提升砂煲的热量，使整个鱼头熟透。收火前撒上葱段再焗一下，把葱的香味焗出来。

砂煲热量高，一般啫个十来分钟就好了，离火后砂煲还能热很久，上桌一定要垫好垫子，小心被烫到。

17.
“将就”的美食

我想买一条大大的福寿鱼起片做酸菜鱼，可是天太热懒得去农贸市场，超市的鱼池里只有一条小鲫鱼和一条太阳鱼游来游去，于是将就一下，把两条鱼都买了。

品种不一样，肤色不一样，身材不一样，要是放在一起蒸，看起来好奇怪。于是把鱼身切段，用来做酸菜杂鱼汤。把鱼块擦干水，用油盐生粉抹一下。酸菜切细后泡一下水。锅中放一点油，放两片姜，慢火把鱼块煎至两面金黄。调成中火，溅点白酒或料酒，放姜蒜和酸菜，放水盖过鱼身一半，盖上锅盖5分钟。掀盖，鱼汤变浓，撒上葱花即可。有汤有菜，鲜美开胃，“将就”出一道住家好菜。

住家菜，有时就是这样不完美的，计划之外的。下班晚了，去到市场，看见什么随便买回来，都能炒出两盘好菜，让全家人食指大动。或者干脆看看冰箱剩下什么材料，也能随便变出几个下饭小菜。这才是仙女般的厨娘。

酸菜杂鱼汤，也不是个固定组合，福寿鱼、鲈鱼、桂花鱼，什么鱼都可以。煮汤一般适宜选刺少的鱼。酸菜能去掉福寿鱼的泥腥味，突出其肉质的爽嫩。平时吃起来肥腻的钳鱼、鲶鱼这类无鳞鱼，用酸菜煮，也变得口感清爽，不油腻。天气热时，可以在鱼汤里加几块苦瓜，鱼汤更回甘。不喜欢吃苦瓜的，可以放节瓜，能提升汤的浓度。

齐白石爱画鱼，画过好多幅《九如图》，随便抓几条，都能做杂鱼汤。他在一幅《九如图》中落款“三百石印富翁齐璜老眼玩味当不卖钱”。老顽童这鱼留着自己吃，不卖的。

我做的杂鱼汤，也是只有滋味，没有标价的。

厨师做大菜，巧妇做下饭菜。对普通人的生活质量而言，巧妇永远比厨师重要。“将就”的美食，永远比菜谱上的多。

18.
石锅饭，剩饭的救赎

我曾亲眼目睹一位女同学和她先生同吃一个鳗鱼石锅饭。老婆把饭和鳗鱼吃得差不多，就推给老公。老公三两下把饭焦吃光，心满意足。我在桌底踢她一下说："你是不是过分了一点点啊？"她老公说："其实我们都爱吃饭焦，她是把饭焦让给我吃。我最不喜欢吃鳗鱼，软不拉几的，又有泥腥味。"

我大笑，想起很多年前和孩子她爹去吃寿司。他把寿司上的三文鱼摘到我碟中，自己吃饭团。我感动得一塌糊涂，不料他说："我怕大陆的鱼生不干净，吃了拉肚子。"

不管是诚实的"拣饮择食"，还是善意的谎言，能同吃一个石锅饭，或者一块寿司，都是茫茫人海中难得的缘分。

我们被韩国、日本餐厅的价钱所误导，以为石锅饭是什么矜贵的菜式，其实这只是一种十分朴实的家常饮食，是勤俭主妇处理隔夜饭菜的好办法。把家里的剩饭从冰箱拿出来，放进石锅烧热，盖上点肉菜，拿我们中国话来说叫作"浇头"，就大功告成了。饭热

平生美味

菜香，妙在那一圈厚厚的饭焦，金黄香脆，又带点肉汁，实在诱人。

我做的石锅饭比韩国餐厅的好吃，秘诀在于用猪油先把饭捞过，再放进石锅加热。猪油捞饭，是我们小时候的美食。那种怀旧的滋味，被石锅热腾腾地催发出来，一屋子都香。在饭面盖个半生鸡蛋，这是向韩国菜学的，卖相好看些。吃的时候把鸡蛋拌匀在饭里，使饭没这么干，按广东人的说法，也没这么“热气”。最简单的是肥牛石锅饭。把米饭搅散，用猪油或芝麻油与生抽拌匀。在石锅底部薄薄扫上一层油，把饭盛到石锅中，铺得均匀些，但别用力按得太紧，留点缝隙让热力在米粒间均匀穿透。用中火加热石锅，锅边开始发热后转小火。把肥牛片和西兰花焯熟，用一点麻油和豉油拌一下，铺到饭面上。还可随意加入香菇、即食海草、泡菜、辣椒等配料。听到石锅发出滋滋的声响，开始闻到一点饭烧焦的味道，就打入一个生鸡蛋，撒上葱花收火。石锅饭做好后一定要小心拿，别烫着。最好是把在客厅看电视的人喊进来端饭。

我有时候在做晚饭时故意多煮点米，第二天可以做石锅饭、泡饭或炒饭。冰冻过的隔夜饭，水分已蒸发掉一些，炒起来特别弹牙，比新鲜饭更有口感。剩饭变美食，也是天长地久的浪漫。

19.
切一只辣椒的快乐

超市蔬菜架上，辣椒品种丰富，色彩斑斓。一个阿姨认真地挑着红辣椒，拿起又放下，迎着光看，仔细得像对待一件工艺品。我想她一定是个辣椒专家，就问：“阿姨，您说这个辣椒辣吗？”阿姨回过头，告诉我：“这个不太辣，只有一点点辣，脆甜脆甜的，不能吃辣的人和小孩都可以吃。喏，旁边这种小的就辣！”我说：“哦，那太好了。那种绿的呢，长得好漂亮啊。”阿姨说：“绿的也不辣，用来炒鸡蛋，特鲜！”我谢过阿姨，阿姨还热情地教我挑辣椒：“辣椒要看尖尖，尖尖硬，就新鲜，放得久。尖尖发软，就很快烂了！”

我按阿姨教我的方法挑了几种辣椒，就去买豆干来炒。卖豆腐的推销员用个小锅煮着一个品牌的豆腐，招呼大家来试吃。她响亮地喊：“来呀，尝尝新出的乱豆腐啊！”这是典型的广州师奶讲普通话，“嫩”“乱”不分。我忍不住停

下来教她："这叫嫩豆腐，不是乱豆腐。来，我教你说，嫩，嫩，嫩……"她很认真地学了，然后又叫开了："来呀来呀，尝尝烂豆腐啊！"我说，停停停！再来跟我说。又教了几次，她终于学会了，高兴地说："我喊了这么久，从来不知道喊错了，真谢谢你啊！"我问她哪种豆干好，她指着攸县豆干说："这个很多人买，都说好吃。"她大概是说普通话太用力，舌头转不回来了，用粤语说攸县二字又说得很重，听起来像"有钱豆腐"。我心想，这也是个好意头，就买了。

回来马上尝鲜，先用红辣椒湖南腊肉炒攸县豆干。新鲜红辣椒洗净切段，怕辣的话要把辣椒籽冲洗掉。腊肉蒸三分钟后切片。豆干切片。姜蒜起镬，放入腊肉爆炒两分钟，炒出腊油，放入豆干和辣椒炒熟，收火前溅点料酒和豉油。

再用云南彩椒炒初生蛋。把初生鸡蛋打匀，放点油盐调味。彩椒横切成花状。平底锅中放点油，把蛋液倒入平底锅，待蛋液稍微开始凝固，放入青椒炒匀。用刚才装蛋液的碗装一点点水，把碗底剩下的蛋液调开。平底锅中的鸡蛋炒到干水时，把碗中的水渐进锅里，继续炒匀炒干。最后加水的步骤既不浪费蛋液，又可以让鸡蛋炒得更嫩滑。

两个辣椒菜式，再煎了两块排骨，和妈妈一起吃午饭。

平日我们的午饭都很简单，保姆把头天晚上的剩饭剩菜一锅蒸热了，谁饿了就吃，往往是各吃各的。今天新炒了这两个下饭小菜。昨晚剩的两碗饭，几乎不够吃。

两个红火与青绿的小菜，让人看着就高兴。云南彩椒的绿是翠而带油的，那绿嫩得仿佛要流出来。把彩椒横切开，是一朵朵形状各异的花儿。蒋勋讲红楼时多次说到烟柳。他说，你们常说生活不快乐，有没有问过自己，有多久没有安静地看看绿叶在枝头抽芽？那种绿是生命本身的一种愉悦，很简单，却很旺盛。但你匆匆走过，就什么也看不见。

如果你觉得自己不快乐，不妨也问问自己，你有多久没有亲手切一个辣椒，有多久没有亲手炒一个鸡蛋？

20.
三日入厨下，洗手作羹汤

戎马生涯的唐代诗人王建，写起《新嫁娘》来，倒也温情脉脉。“三日入厨下，洗手作羹汤。未谙姑食性，先遣小姑尝。”可见这羹汤是很重要的，婆婆对新媳妇满不满意，全在这碗汤了。要干净卫生，要色香味全，还要合婆婆的口味。

王建是颍川人，就是今天的河南，不知他所描绘的新嫁娘，做的是怎样的羹汤呢？我只吃过一种河南的汤，叫呼啦汤，又酸又辣又浓稠，一碗下肚就饱了，是可以当主食的。

汤里的材料挺多的，新嫁娘要是做这样一个汤，也不容易了。

若是广东媳妇，大概不会一进门就做酸辣汤，以免引起婆家不必要的联想。其他清汤寡水的羹汤也是拿不出手的，怎么也得煲个老火汤，露两手给婆婆看。

近年来有关老火汤是否破坏营养、是否会引起痛风的说法不绝于耳，老广们的饮食习惯也略有改变，不再是天天必有老火汤了。而且现代人工作繁忙，年轻夫妇煲老火汤的次数就更少了。但以广州的气候而言，真的是有点“无汤吃不下饭”的感觉，所以有时候稍微变通一下，做些有汤有菜的菜式，就能一举两得地享受美味、享受下班后的轻松生活。

节瓜煲猪腱，捞起的猪腱肉可以用蒜头豆豉爆炒，十分下饭。猪腱飞水，节瓜刨皮后切成大块，可放点干瑚柱或淡菜、蚝士钓味。把材料放进砂锅，加清水或蒸馏水完全盖过材料，大火煲至沸腾，转小火煲一小时。收火后把猪腱捞起，切大片，用姜、蒜、辣椒、豆豉爆炒，勾个薄芡即可。

苦瓜青滚肉片汤也很简单，还可以留起一些肉片炒菜。猪前腿瘦肉用盐腌10分钟，苦瓜用刨刀刨成薄薄的瓜青。放两片姜和清水煲瘦肉，腌过的瘦肉煲20分钟左右就开始出味，这时把肉捞起备用。把瓜青倒进汤里，煮5分钟，断生即可，保持瓜青的青绿。此汤比较清淡，可放点鸡粉调味。

把鸡蛋煎成蛋皮，把煲过汤的瘦肉切片，用青菜炒过，又是一个简单美味的家常菜。

钱锺书写过一首小诗给妻子杨绛：“卷袖围裙为口忙，朝朝洗手做羹汤。忧卿烟火熏颜色，欲觅仙人辟谷方。”他不舍得让娇妻在厨房忙上忙下，怕烟火熏老了她的容颜，但愿能修炼不吃不喝的辟谷术。

诗很感人，还有点顽皮，而大学者又何尝明白，倘或夫妻恩爱，这洗手作羹汤，也是乐在其中呢！

21.
一只幸福的猪

从腊月到正月，都是吃腊味的好时节。广东腊味焗饭一流，尤其用砂锅来焗，一掀盖一屋都香。用来炒的话，四川腊肉则别有风味，麻辣和烟熏的口感，令人食欲大振。

在我数次有意无意地向四川朋友老刘暗示我对四川腊肉的向往后，他终于在春节给我寄来了两块腊肉。腊肉是真空包装，从四川什邡快递到广州的。这是两块大有来头的猪肉。

话说四川老刘吃四川腊

肉吃成精，感慨如今城里的腊肉越来越不好吃。对于我不时到超市买一小包的那种浸过防腐剂的四川腊肉，老刘认为“简直就不能吃”。老刘怀着对腊肉的挚爱，开展了一个漫长的养猪计划。从年初开始，他就亲自到猪圈买回一只白白胖胖、人见人爱的小猪崽子，带回洛水老家，搭了个猪棚，请老乡帮忙养着。

小猪在青山绿水中茁壮成长，老刘一得闲就回乡看望它。他常常带几罐瓶啤酒，到小山坡上遛猪。走累了，就坐下来，和小猪谈谈人生，聊聊音乐。音乐家老刘不知有没有带上吉他，与猪同歌？当夕阳如酒，晚风拂面，老刘就把小猪送回家，自己则坐车回城。临别之际，小猪摆摆尾，依依不舍。老刘挥挥手，顿生惆怅。

小猪就这样度过了它幸福的一生。猪有猪的命。生活条件好，是它生得好命。死到爱它的人的肚子里，是它死得其所。

老刘把几块上好的猪前腿肉制成腊肉。腊肉里只有农家的白盐、山岗上的清风、冬日里的阳光，绝无防腐剂。肉中还浸透了老刘对小猪的爱，以及对朋友的新春祝福。

这只史上最幸福的猪制成的腊肉，看起来很肥，吃起来爽口无比，肉香浓郁。没吃过它，相当于没吃过真正的猪肉。以前我总对别人说的“庙前某一亩地的菜最甜”“溪间某块石头下的小鱼最鲜”“秋天落下的第一片梧桐可作药膳”“吃公母大闸蟹要吃原配”之类的神话不以为然。吃了老刘送的腊肉，我才相信，人对美食的追求，是永无止境的。

22.
炖盅牛腩，简单的满足感

牛腩几乎是最易搭配粉面的肉类，味浓，起胶，味道能很好地裹住粉面，不会貌合神离。

牛腩在我们的印象中是很费工夫的食物，要冲洗、汆水、爆香、久焖、收汁，配料也讲究，花椒、八角、陈皮、香叶、桂皮，一样不能少，像抓中药似的。所以很多人喜欢吃牛腩，但很少自己焖。因为工序太复杂，只能敬而远之。

传统做法焖出来的牛腩香味浓郁，每一块肉的中心都含有爆锅时特有的香气，是无可比拟的，但确实不太适合快节奏的家庭。其实只要买到的牛腩肉质好，稍微取巧一下，也能用很简易的方法炖出绵软浓香的牛腩。

我一般选那种肥瘦适中的长条牛腩，汆水后切大块，放到电子炖盅里面。把大块姜和蒜头拍碎放进去，还有红辣椒干、花椒，必不可少的是正宗广东新会陈皮。再浇上卤水汁浸过牛腩一半，最后浇上清水，把牛腩完全浸过。盖好炖盅的盖子，调自动挡位炖两小时。由于炖盅密封性好，肉香一点也没有挥发掉。揭盖时牛腩已足够绵软，肉汁与卤水汁融为一体。稍放凉后，把牛腩夹到保鲜盒里，浇上一半的汁液，密封好放进冰箱。剩下的带渣的汁液，可以用来焖五花肉或煮卤水蛋、卤水凤爪，也是十分美味。

放进冰箱的牛腩和汤汁会冻成啫喱状，吃的时候连汁连肉舀出一大块，放到小锅中加水煮开。早上赶时间，可以一炉煮粉面，另一炉煮汤汁。粉面和青菜焯熟后放到煮好的牛腩汤里就可以了。如果是牛腩捞面，煮肉汁时则少放点水，稍加一点点生粉，捞起来更滑。还可以把牛腩切小块放到猪肠粉或陈村粉上面蒸，收火前撒上葱花。

同样的方法，还可以用电子炖盅炖五花肉、炖猪手、炖大块的排骨，都是煮粉面的极佳搭配，很容易给人带来满足感。

23.
蔡将军救下了猪大肠

时下讲究养生，饮食也是健康第一，味道其次。低油、低盐成了餐饮的主流舆论导向，清淡成了身份的象征，仿佛吃得清心寡欲，才代表生活优越。于是，猪油捞面、生滚粉肠粥、酸菜炒大肠、柚皮焖鱼肠这类“不健康”的传统粤菜，渐渐绝迹于江湖。

广东人对猪杂的喜爱，可引新中国成立前夕香港民主人士北上途中一小事为例。据杨奇先生《风雨同舟——接送民主群英秘密离港北上参加政协始末记》记载，1948年9月，苏籍货船“波尔塔瓦”从维多利亚港接载沈钧儒、章伯钧、蔡廷锴等人士北上。他们绕过澎湖列岛的飓风迂回前进，奔向新中国。9月18日是中秋节，船主杀猪加菜。苏联厨师正要把一些厨余抛下海，蔡廷锴惊见其中闪现一堆熟悉而亲切的影子——几圈猪大肠！蔡将军大喝一声，截下猪肠和猪肚，亲自下厨炒出两盘镬气十足的地道粤菜。大家边吃边赞，还有人向蔡将军请教炒猪肠的秘诀。

炒得一手好猪肠的不仅蔡廷锴，还有我老妈。记得我小时候，邻居阿姨常来向我妈讨教炒菜煲汤的方法。有一次阿姨拿了一段猪肠来，我妈就示范如何清洗、腌制、掌勺。那天用的是酸菜灯笼椒炒猪肠，爽脆无比。老妈把猪肠盛在碟子里给阿姨，阿姨不好意思地说：“这菜我就不带走了，今天是来学师的。”老妈执意不收这拜师礼，两人推来推去，最后阿姨拿走半碟，我们留下半碟。一段猪肠，成了同一宿舍楼内两家人的晚餐，人人吃得有滋有味。

如今，家庭餐桌上少见炒猪肠，会做这菜的主妇越来越少了。餐馆更不会以这些“下脚料”做菜，因为卖不起价钱。

我在山西吃过一道肥肠焖面，念念不忘，一个黑色的小砂锅端上来，一揭盖，肥肠浓烈的香味妖娆而出。这不是那种可气的、用碱水冲洗到全无肉味、吃起来如嚼塑胶的猪肠，而是地道的、质朴的猪大肠。回来后我选了更肥美的猪肠头，做了肥肠焖面。把宽面灼熟，放进砂锅里。面底可垫些灼过的油菜。猪肠先用卤水汁卤好，然后切成圈。用姜、蒜、辣椒爆炒猪肠，勾个薄芡，浇到面上。盖上砂锅盖子，以小火焖面。五六分钟后，听到砂锅底开始干水的声音就收火。不要急于掀盖，砂锅的余热能使面更入味。焗上5分钟后，掀盖撒些葱花，整锅端上桌。这可好好解了一回馋。

“胆固醇高、那么脏、那么肥腻、那么低档……”种种罪名套在猪大肠上，久而久之，想吃猪肠的人，都会生出一种罪恶感，觉得自己从不健康过渡到不道德了。

连嘴巴都管不住的人，难免有道德危机。

所以我很怕和非常“健康”的人吃饭。这个有激素，那个有农药，步步雷池。叫他点菜，我就“无啖好食”。我来点菜，又怕吓着他的弱小心灵。在餐桌上，我这种口味至上的人，在自律的人面前，实在惭愧。

我还年轻，等我老了，再清淡吧。

24. 做给“天真无牙”的宝贝

我给女儿讲三国，讲到祖茂要双刀时，她说：“哦，就像婆婆剁肉饼！”

“肉饼要用手工剁，绝不能用机器绞。最好用两把菜刀左右开弓，要用暗力，剁得有节奏、有韵律，声音实而不响。这样才能蒸出一碟优秀的肉饼。”——这是我外婆家传的肉饼宝典。

小时候外婆常剁肉饼给我吃。现在我妈也经常剁肉饼给孙女吃。所以我家厨房多年来，都是刀光剑影的。

肉饼不用费劲嚼，适合正换牙的小孩。且有营养，变化多。冬菇肉饼、鱿鱼肉饼、咸鱼肉饼、马蹄肉饼，还有冲菜牛肉饼、陈皮牛肉饼……天天剁，都不会重复。最简单的是咸蛋蒸肉饼，选半肥瘦的“肉头”，剁碎，加生粉拌匀。生咸蛋敲开，盖在肉饼上，隔水蒸熟。也可在饭干水时搁到饭面上，盖上盖子。饭熟透时，肉饼也熟了。饭热菜香，价廉物美。

吃肉饼饭，配个番茄白菜清汤，更开胃。小孩吃的东西不需要太复杂，简单、新鲜、易消化就好。番茄和鸡蛋是常用的材料。鱼滑鸡蛋煮番茄、番茄肉酱煮日本豆腐、虾仁炒滑蛋、青瓜肉粒炒滑蛋、青豆玉米炒火腿粒等菜式，都是色彩丰富、营养均衡、易于咀嚼吸收的食物，即使“天真无牙”的孩子也能吃。有时换换口味，做个番茄肉酱贝壳粉，也是好吃好看，又有新鲜感的。

鱼滑鸡蛋煮番茄的做法是把鸡蛋煎成蛋皮，切

成长条。鱼滑调味后煎至两面金黄，也切成长条。番茄切小块。三样炒匀，打个薄芡。

番茄肉酱煮日本豆腐就更简单了。日本豆腐切成棋子状，煎至两面金黄，盛起。把番茄粒和肉末炒熟，倒入日本豆腐，勾芡上桌。

25.
一碟大虾，一杯小酒

父亲节，打电话给老爸。老爸说：“哦，是吗?”

老爸到家里来，嘱咐：“不要出去吃，我买菜来。”我说：“不用买，家里有菜。”

有老妈蒸的馒头，蛋炒饭，咸菜白粥，丝瓜炒肉片。老爸素来吃得很清淡，这些全是对胃口的东西。

我再做一个香煎大虾，倒一杯冰冻啤酒。老爸说：“爽!”

用的是口感弹牙的海鲜，最适合香煎。虾洗净去肠，用油盐生粉捞一下，保留虾壳，煎起来更香。把大虾用平底锅煎至两面金黄，撒上姜蓉、蒜蓉、芹菜丝、辣椒炒匀，最后浇几滴靓豉油。

女儿夹了个大虾放在公公碗里。公公说：“你吃你吃。”

小时候，妈妈偶尔也买些很小的小白虾，放在小碟里，撒些油盐。饭煮熟了，整碟虾搁在饭面上，盖上盖子，虾一会就熟了。妈妈对海鲜过敏，从来不吃虾。我吃虾肉，爸爸用碟底的虾汁捞饭。

我告诉老爸，现在好像买不到小白虾了，就是我吃肉你捞汁的那种。老爸说："哦，是吗？"

吃完饭，泡功夫茶。老爸买来的龙眼已经在冰箱冰了一会，拿出来吃正好，又爽又甜。

老爸回去时，我说："爸，平日有什么不舒服要打个电话来，别老自己上医院，我当个车夫也好嘛。"老爸说："医院很难停车的，打的最方便！"

我说："多个人总是方便些的。"老爸说："我都是网上预约，拿个号，去到医院就有导诊小姐带着，方便得很，好得很！"

26.
苦瓜鸡汤鳜鱼肥

汪曾祺写京剧名伶张君秋，说他唱戏善用丹田之气。唱的时候，颈部两边的肌肉都震得颤动，可见共鸣之大。如此便声满灌堂，发音如浓茶酽酒，味道醇厚。君秋教徒弟说，饱吹饿唱，要唱好，得能吃！

张君秋有多能吃呢？

“演《玉堂春》，已经化好了妆，还来40个饺子。前面崇公道高叫一声：‘苏三走动啊！’他一抹嘴：‘苦哇！’就上去了，‘忽听得唤苏三……’”

张君秋爱吃什么呢？

“在武汉，每天晚上鳜鱼汆汤，二斤来重一条，一个人吃得干干净净。”

看到这里，我不由掉了一下书袋，查了一下鳜鱼的营养价值。“益气力，益脾胃。”难怪！

不知道张君秋的鳜鱼汆汤是怎么做法。我做的鸡汤苦瓜青浸鳜鱼，十分简单，也很美味。新鲜苦瓜一个、鲜活鳜鱼一条、清鸡汤两碗。鸡汤可用鸡骨慢火熬成，放在冰箱里随时取用，也可到超市买盒装鸡汤。用瓜刨把苦瓜刨成瓜青

片，鳜鱼剖净斩成鱼块。鸡汤煮开，放两片姜，放入鳜鱼，调成小火浸熟。放入苦瓜青，稍浸软就收火，保持瓜青片青青绿绿的色泽，最爽口。同法可以做鸡汤酸菜浸白鳝。潮州酸菜洗净略泡水，白鳝剖净斩件。鸡汤煮沸，放姜片，放酸菜，放白鳝，煮开后调小火，浸至白鳝熟透，撒上芹菜碎即可。

鳜鱼肉嫩，但清蒸嫌其鲜味不足，比较适合切成蝴蝶鱼片做水煮鱼。天热，水煮鱼太火辣。这款清清淡淡的鸡汤鱼正好，有汤有菜，老少咸宜。苦瓜青很爽口，又能提升鱼的鲜甜。夏令佳肴，举手之劳。

27.
轻舟摇碎许多愁

不时有朋友问我怎样做素菜，我只好说不太擅长。没办法，谁让我爱吃肉肉呢？

身边吃素的人越来越多了，有的是为身材，有的是为身体。他们的自觉总让我很惭愧，而我的胃口总让他们很羡慕。在饮食上我是尼采派，意志高于上帝，味道重于理性，好吃压倒一切。

这里有几款青菜汤，都是赶时间、临时抱佛脚做出来的。广州人没点汤水好像吃不下饭，有时候下班晚了，打开冰箱看看，总能变出一道美味的清汤。

不知这些菜汤算不算素菜，因为材料不全是素的。青青绿绿的叶子在汤水中荡漾，不时转个身，碰到一粒虾米，或一小片肉，又转个身，躺在煎得金黄的鸡蛋上……这样的菜，才端得出手。

青瓜虾米鸡蛋汤。虾米洗净用清水浸着。煎个荷包蛋，不用调小火，把虾米和水“溅”进锅里煮汤。荷包蛋若煎得焦黄，煮出来的汤是奶白色的。汤沸腾后转小火煮10分钟，让虾米出味。把青瓜切片，倒入汤里，调味，收火。虾米有咸味，可少放盐。

青瓜皮鱼皮角汤。用清水或鸡汤把冰冻鱼皮角煮开，放点姜丝和盐。最后加刨成薄片的日本小青瓜，收火。

苦瓜青咸猪腱汤。把猪腱切成小块用盐腌一小时，放点姜片煮汤。肉煮软后，放入刨好的苦瓜青，一熟就收火，让瓜青保持青绿爽脆。煮过汤的猪腱肉很爽滑，把蒜头辣椒炒香，浇上靓豉油，用来点汤里的猪腱肉吃。

双蛋米汤苋菜。把洗好的米再搓洗一次，留出洗米水，用来煮青苋菜。加入一个皮蛋、一个咸蛋，菜煮软就收火。

李清照有词：“闻说双溪春尚好，也拟泛轻舟。只恐双溪舴艋舟，载不动、许多愁。”我怀疑她是好久没吃肉了，不然怎么会人比黄花瘦呢。我不吃肉，就会忧郁。一碗热热的青菜肉片汤，就可令我“恰似泛轻舟，摇碎了，许多愁”。

28.
平安夜的中国火鸡

麦兜说，火鸡的味道，在未吃和吃第一口之间，已是极致，剩下的不过是想办法吃完而已。麦兜家的火鸡从平安夜吃到第二年的端午节。当麦兜发现火鸡的寿命只有几个月，才知一只火鸡在冰箱陪伴人类的日子，比它自己的一生还要长。

可想而知，火鸡能有多好吃呢？按广东人的口味，火鸡根本就不是鸡，因为没鸡味。但圣诞火鸡大餐并非一无是处，首先是火鸡庞大的身躯能烤出热烈的气氛，而且火鸡肚子里大有乾坤。吃火鸡，并不是吃它的肉，而是吃它肚子里的馅，以及火鸡在烤箱的热力下一点一滴渗出来的，混合着肉香豆香奶香的浓香酱汁。

有没有办法把“平安夜火鸡”做得有汁有馅，又有鸡味呢？试试不用火鸡，改用广东本地靓鸡如何？皮爽肉滑，细细只，有鸡味，更不用从平安夜吃到明年端午节。

材料是本地鸡一只、土豆、青豆粒、栗子、茄汁黄豆、葡萄干、芝士片，整鸡抹上油盐和靓豉油，腌一小时。隔水蒸鸡10分钟，倒出碟中的鸡油，待鸡放凉后把鸡胸骨拆去。土豆、青豆、栗子用清水煮熟，分别去皮去壳，再和茄汁黄豆、葡萄干、芝士片等材料拌匀，拌的时候放点盐和生粉。把所有材料塞进鸡肚子里，尽量把鸡摆成原只的形状，再蒸40分钟。吃时把鸡扒开，鸡肉搭配着浓香的土豆馅吃，风味一绝。

29.
请问，有没有生水芋头？

有个笑话。某人到市场买芋头，问，这是不是生水芋头？卖芋头的说，怎么会，我的芋头最粉！他问遍所有卖芋头的，个个都说自己的芋头粉。此人长叹，想吃个生水芋头真难啊！

这个故事说明，芋头有粉的，也有生水的，外表不易判断；大多数人爱吃粉芋头，于是卖芋头者都不承认自己卖的是生水芋头；口味和艺术一样，也有主流和另类之别，“市场”是属于主流的。

我不知道味觉是不是人最基础的鉴赏感官，但味觉一定是最诚实的感官。有人因追逐潮流而穿不舒适的衣服，有人因附庸风雅而看差点睡着的演出，有人为经营品位而看不知所云的电影，有人为打造身份而听洗脑革心的讲座……但极少人会为了标榜与众不同，故意吃难以下咽的食物。和味觉过不去，是最和自己过不去的事情了。我相信买生水芋头者，都是真心喜欢生水芋头的。

我还真认识喜欢生水芋头的人。我问，生水芋头“神神地”，有什么好吃？此君说，你有所不知，粉芋头干，生水芋头滑，一溜就滑进喉咙，舌余微甜。

尽管他说得生动感人，可我对生水芋头实在提不起兴趣。芋头本身略“寡味”，但善于吸肉香，所以最经典的做法是香芋扣肉。而生水芋头的质地就像块肥皂，怎么焖都不会入味。

中秋后是芋仔大量上市的时节，芋仔很粉，但不会太干，口感还很滑，基本上“粉芋派”和“生水派”都会喜欢。芋仔还有一个妙处，就是容易存放，做法简单。干身的芋仔放在菜篮里，置于厨房干爽处，能放好多天。下了班急急忙忙做饭，或者开饭前来了客人，芋仔就派上用场了。从冰箱拿出两条腊肠切片，和芋仔合蒸，腊油渗出被芋仔吸收，钓出芋香。一口腊肠，一口芋仔，滋味简直与香芋扣肉不相上下。而扣肉的配料与做功，却要复杂得多。

芋仔还可以和薯仔（土豆）一起蒸排骨，选取带软骨、

肉呈雪花状的新鲜排骨，斩件后用生粉、盐、姜蓉、蒜蓉腌半小时。芋仔去皮对半切开，用盐冲洗一下，薯仔去皮切块，把芋仔和薯仔放在碟中。把腌好的排骨铺在芋仔和薯仔上面，隔水蒸10分钟，上桌前撒点葱花，浇几滴麻油和豉油。喜欢浓味的，可以用沙茶酱芋仔焖排骨。腌好排骨，芋仔去皮切块。用平底锅把排骨煎香，倒入芋仔，加沙茶酱、料酒、清水或鸡汤焖15分钟，待排骨收汁就撒上葱花，收火。

越简单的食材，口味变化越多样，人的欣赏口味差异性很大。吃莲藕，有人喜欢藕断丝连的粉藕，有人喜欢爽脆清甜的脆藕，那么粉藕煲汤，脆藕炒菜，总能各得其所。吃石榴、吃桃子，有人喜绵软浓香，有人喜爽口清香。我还见过爱吃带生的香蕉的老太太，牙口极好，吃什么都要爽口。她喜欢榴莲的味道，又嫌榴莲太软，就把榴莲放进冰箱急冻至起冰碴才拿出来，咬起来索索有声，心满意足。

30.
全天然的玉米刷子

现在家庭普遍都有豆浆机，喝玉米汁很方便，清甜滋润，祛躁宁心，还能美容。

其实在没有豆浆机的年代，主妇们也能各显神通，为家人奉上美味的玉米汁。用石磨磨，用刀背敲，用瓜刨刷……各种方式碾出的玉米汁液，一点一滴流进小锅里，热气腾腾的香味，让迎着朝阳上学的孩子精神抖擞，让踏着暮色下班的老公牵肠挂肚。

玉米是最能让一个主妇显示厨房魔法的食材。一个玉米的吃法，可能与它长出的玉米粒数量同样多。炒菜、煲汤、做沙拉，蒸着吃、烤着吃、焗着吃，玉米饼、玉米面、玉米馒头……随便一弄，都是老少咸宜的美食。一道玉米菜式，能看出一个主妇的生活态度，一丝不苟，还是善于创新，营养为本，还是美感至上，手脚麻利，还是心细如发，都可见一斑。女儿小时候，我会把玉米粒隔行剔出再蒸，这样比较容易咬。剔出的玉米粒，用来蒸玉米小蛋糕。

玉米全身都是宝，什么都不浪费。剥了玉米粒来榨汁，剩下的玉米心不要丢掉，用来煲水喝，能清热、降脂。煮玉米粒时捞起一点，留着拌蔬菜沙拉，好看又好吃。从玉米汁

中隔出来的玉米渣，可以加水和生粉煮成玉米糊，或加一点东北大米煮成玉米粥，又香又有嚼头。玉米渣蒸馒头，还能增加馒头的韧性和清香。最后剩下玉米衣，也能物尽其用。玉米衣的纤维很能去油，扎成一束，把下端剪成刷子状，可以用来洗碗刷锅，干净又环保，洗过的碗还有淡淡清香。

玉米的付出是感人的，一身魔法，一生奉献，毫无保留。如同每个为家人奉献毕生之爱的女主人。

31．
月生桂花，天成佳偶

逢年过节大家都喜欢做点“好意头”的吉祥菜，我很喜欢这种略带“迷信”的人情味。夹杂着民俗与亲情的“迷信”，有时候是人心的保鲜膜，没必要太“科学”地去揭破。

元宵节是中国情人节，当然要做道团圆和美的好菜。刚刚过完春节，大鱼大肉吃多了，元宵不妨清淡点。一道蚝豉排骨炖莲藕，饭后来个桂花汤圆。可谓月生桂花，天成佳偶。

蚝豉排骨炖莲藕有汤有菜，若是二人晚餐，再加一个镬气十足的小炒，一个青青绿绿的油菜，就能吃得有滋有味了。章鱼令汤底十分惹味，如果用电磁炉专用砂锅温着，一口接一口，喝出微汗，更是淋漓。何况，蚝豉是极好的壮阳之物，个中微妙，就不言而喻了。

材料是绿豆、章鱼、蚝豉、排骨和莲藕。章鱼和蚝豉洗净，隔晚用清水浸软，浸过章鱼蚝豉的水不要倒掉，可用来

煮汤。绿豆也浸半小时，使皮略微饱满发胀，更容易煲出豆沙。排骨用盐、生粉和生抽腌半小时。莲藕洗净，横切成块。把全部材料放进砂锅，倒进浸过章鱼蚝豉的水，再加点蒸馏水，完全盖住莲藕，煮沸后转小火炖一小时。章鱼蚝豉都是海味，有咸味，排骨又腌过盐，所以这道菜炖好，建议尝一尝再加盐。如果不喜欢排骨炖得太烂，也可晚一点才放排骨。如果人多的话，可多放些排骨，或者把排骨换成猪手，增加菜的分量感。

饭后推荐适合全家吃的桂圆姜汁汤圆。用糯米粉和好面，可用花生酱、芝麻酱、葡萄干、果酱、芝麻白糖花生碎等材料，包成各式汤圆。用牛奶锅装好蒸馏水，把肉姜洗净、拍裂放进去，再放一把桂圆，一起煮出味。汤沸时放入汤圆煮熟即可。汤圆不需解冻，解冻过的糯米不清爽，会粘牙。汤圆浮起半身呈半透明状为熟透。桂圆有甜味，可以不放糖或少放糖。吃的时候在碗中撒点玫瑰花干和桂花干，色味更佳。

如今超市的速冻汤圆琳琅满目，方便得很。如果不怕麻烦，亲手包汤圆也是一个有趣的游戏。一对小情人，一起包汤圆，搓来搓去，不吃都甜。和小孩子一起包汤圆，也很好玩。没有小孩不喜欢搓泥巴，你让他把搓泥巴的天分发挥到搓面粉上面，并大加赞扬，绝对是开心的亲子时刻。

我喜欢看月。喜欢澄空万里、明朗高华的月。也喜欢皱云相拥，柔黄似有醉态的月。每当女儿见我在阳台望月，问我有什么好看，我就随口给她编各种各样的神话故事。比如，我们碗中的桂花是哪里来的？是月亮上的小兔子跳到桂花树上，顽皮地摇下来的。我最爱看她听故事时，那种半信半疑、眼波闪动的神情。

这种时候，我总是想起丰子恺的一幅画——《松间明月长如此》。画中人在老松树下怡然赏月，小孩子仰头手指明月，充满好奇与稚气。如今你随便问一个读过幼儿园的孩子，月亮为什么会变圆变弯？他都会一本正经地告诉你，月亮绕着地球转，地球绕着太阳转，除了公转，还有自转……

学到的科学越来越多，听到的神话越来越少，未尝不是童年的损失。创造的商机太多，留住的风俗太少，是节日的损失。吃的名堂太多，做的乐趣太少，是味觉的损失。桂花月落，佳偶天成，希望看过《近水楼食单》的人，每个佳节都能亲手收获美食。

32.
西学中用，来吃炒饭

我是看《饮冰室文集》而知道希腊哲学家伊壁鸠鲁的。我不知谁是中国翻译Epicurus大名的第一人，但应该不会是梁启超。因为他是广东人，用粤语读个名字，是很惊世骇俗的。就算梁任公对鸠鲁公评价一般，归其为“爱其灵魂躯壳而不顾他人者，中国之杨朱是也”，也不至于这么不厚道吧。

不管是谁翻译的，那一定是处于一个我们对西方世界知之甚少的时代，是大部分中国人不知道“鬼佬”的译音可以这样写也可以那样写的年代，是一个“鬼佬”被妖魔化的年代。

我们对西方美食，与对西方文化一样，有一个从诧异到抗拒、好奇、崇媚、扬弃的过程。张之洞提出消化西方文化，“西学为体，中学为用”。我只要消化西方美食，“西材为体，中菜为用”。

做地道西餐，从材料到烹饪到餐具到进餐礼仪，都有很多讲究。要想尝尝鲜，又不落入形式感，更适合自己的口味与时令，最好的方法就是西材中用。

西餐最常见的主菜材料就是牛、羊、鸡、鱼。这些材料，超市都能买到已腌制好的半成品，加工起来很方便。现在天气冷，拿着刀叉就着红酒，小口小口“锯扒”，未免添了风度，减了温度。菜一凉，做得再好也食之无味。所以，不妨把扒类材料做成中餐，取其便捷，再给它们来点镬气，会更让人喜爱。比如葱爆牛扒、孜然羊扒、橙汁鸡扒等。橙汁鸡扒的材料为鸡扒两块，鲜橙一只。可以买已调味的鸡扒，也可买速冻无味鸡扒，解冻后以盐、椒盐、生抽、蜜糖将其

腌制入味。将鲜橙对半切开，榨出橙汁，将橙汁与生粉兑成芡汁备用，留些橙皮切丝伴碟。用平底锅把鸡扒两面煎香，放点水，盖上盖子，将鸡扒焗熟。倒入橙汁芡与橙皮丝，勾匀，上碟。

为了预先回应必然出现的正宗西餐师傅的批评，我再次搬出梁启超的话——“吾恐中学之八股家、考据家去，而西学之八股家、考据家又将来矣。”我希望我做的菜，不管中式、西式还是无式，吃得舒服是最重要的。

梁启超说，“科学精神之有无，只能用来横断新旧文化，不能用来纵断中西文化”。美食精神也同样，不在新旧，不在中西，关键在用心与否，这与做学问是一样的。

可是我不太赞成梁启超关于中国学问不易传人方面的话。他认为科学的一个重要层面，就是可以传授与人。中国旧学，往往是由几位天才“妙手偶得”，不是因循一条路去获得，便无法指引一条路给别人。

不过这也难怪，那时候还没有自媒体呢。只可意会，不可言传的学问很多，而意会的途径又少，传播自然困难了。这是客观条件的局限性。

现在，我把妙手偶得的“腌三文鱼芥辣炒饭”菜谱，明明白白写出来，就可以传授与人了。材料有白米饭、腌三文

鱼、芹菜、姜、柠檬、芥辣、牛油，想让炒饭更甘腴的话，可加点银雪鱼，若喜清淡清爽，可不加。米饭隔夜或冰冻过更好，炒起来更干爽，芹菜洗净切粒，姜

剁成蓉，腌三文鱼切成小片，若加银雪鱼，也把鱼肉切成粒。以牛油起锅，依次倒入姜蓉、米饭，炒至饭粒干身黄净，再倒入银雪鱼、三文鱼同炒，炒匀后加入芥辣，收火，上碟，吃之前可浇点柠檬汁。

姜蛋炒饭令人胃热身暖，咸鱼鸡粒炒饭令人回味无穷，韩国泡菜紫菜炒饭令人食欲大振，腌三文鱼芥辣炒饭令人一吃上瘾。这几味都是我的家常炒饭。前两者很传统，百吃不厌，后两者属于“妙手偶得”，越吃越过瘾。我不时打包一些招牌炒饭给同事朋友试吃，以体现我做菜的科学精神。有些悟性高的，一吃就回去抄袭了。我也把菜谱写过给几位朋友，大多一学就会，有个别对烹饪较有心得的，一看菜名就会做了。

所以，“旧学不能传人”的说法，本身就不够科学。谁能说做饭不是我们代代传承了几千年的“旧学”，谁又能说做饭不是正一天天发扬光大呢？

我把这个观点讲给正在吃三文鱼炒饭的朋友听，他竟热泪盈眶起来。我被他的感动深深感动了。这时他缓了口气，说：“芥辣放多了！”

33.
把夕阳蒸进米饭中

去从化郊游，看见很多农家腊味。乡间小路、山林空地，每有当地人支了竹竿，架着自制的腊味在售卖。腊鸭腊

鸟们成行成列排开，俯瞰绿林，迎送清风，日出日落尽收肚皮，蔚为壮观。

这样新鲜的山货，看了就没法不买。我说："腊鸭腿有点肥喔。"卖腊鸭的大婶说："不肥不肥，这鸭子长得好啊，番薯、南瓜切碎了煮粥仔来喂大的，细皮嫩肉，一点都不肥呢。"大婶说喂鸭子的神情，仿佛是说起她养的宠物。我立即就买了。大婶对鸭子有感情，制出来的腊鸭，一定是美味的。

我买腊鸭的时候，夕阳照在腊鸭皮上，黄澄晶莹。回家一焗饭，砂锅里飘起了农家炊烟的味道，揭开盖一看，果然不肥，肉很结实，油都焗出来了，饭面略带金黄。那仿佛不是腊鸭油，而是落日的余晖。

但凡风干的肉类，都比新鲜肉更浓香。水分挥发了，口感就浓缩了。若再吸进点山野气，更有了山风的味道、夕阳的味道。腊味是冬日的恩物，蒸炒皆宜，焗饭最佳。腊味下饭，配个青菜，就是一顿佳肴。简简单单，风味独特。

腊味焗饭是最常见的。腊肠、腊肉、腊鸭、腊鱼干都

可以用来焗饭，最好用砂锅或瓦罉焗。将各样材料切成小块，等米饭煮到开始干水时，放到饭面上。饭煮好后不要掀盖，焗5分钟。吃的时候拌点葱花和豉油会更香。若喜欢吃“软饭”，焗饭时可以加点糯米，软糯香浓，很容易吃到不知饱。

此外还有排骨、滑鸡腊肠蒸饭。排骨或鸡块用油、盐、生粉腌好，腊肠切成薄片。米饭隔水蒸到快干水，放入排骨或鸡块蒸5分钟，再放腊肠片，蒸至饭完全干水。排骨或滑鸡蒸饭本来就好吃，加点腊肠钓味，能使米饭和肉类更香。蒸饭切忌多水，蒸到米粒干爽均匀，一粒粒“站起来”的样子，最好吃。

腊鸭腿蒸芋头或番薯也很下饭。腊鸭腿切成块，芋头或番薯也切成块并略走油。芋头铺在碟底，腊鸭摆在芋头上，蒸6分钟即可。芋头或番薯吸了腊鸭蒸出来的油，又香又粉。

我认识一位老婆婆，极爱吃腊鸭，尤爱腊鸭屁股，就是喜欢那种极端“独特”的浓烈之味。吃的时候，还用手掩住口，闭着嘴，细嚼慢咽，生怕“香味”跑了半丝。我虽然不同其好，但蛮欣赏这可爱的老婆婆。一个人能爱一种滋味，爱到那么极致，那么自我，她必是拥有十分细敏的感受能力，并且获得了很大很大的享受的。她在那些只讲健康不讲滋味的所谓养生美食家面前，是值得自豪的，令人羡慕的。

我很理解这种一往情深。有时候，爱上一种感觉，越滑越深，正常的感官安慰就满足不了不断深化的欲望。于是，腊鸭已满足不了老婆婆，只有腊鸭屁股才满足得了。年轻人能玩SM，老婆婆为什么就不能吃腊鸭屁股呢？

所以说，人的口味是很“独家”的，正如那些吊在山林里的农家腊味，每一家的味道都不同，每一竹竿都不同。名店名厨未必能做出你最爱的美食，更不可能以腊鸭屁股入菜。想吃到自己最向往、最迷恋、最无法自拔的味道，就要像我一样，踏着夕阳，自己一路去寻找。

34.
留下芹菜叶子

小时候妈妈给我订了两本杂志，已是十分丰盛的精神食粮，让许多小伙伴羡慕不已。它们是《读者文摘》和《幽默大师》。

《幽默大师》上有一则漫画，我至今还记得。一个妈妈叫小孩择芹菜，小孩偷懒，在院子里扔下芹菜就看漫画书。这时一只鸡走过来，把芹菜上的叶子啄光了。小孩拿着芹菜茎交给妈妈，受到妈妈表扬，夸他摘得干净！从此我就知道，偷懒不是不好，关键要偷得有技巧。

现在轮到我叫小孩择芹菜了。女儿没有偷懒，仔仔细细择下一盆青青绿绿的芹菜叶子，捧着来问我：“叶子为什么不能吃？”

对啊，芹菜叶为什么不能吃呢？我也不知道。我打电话问妈，妈说："可能叶子比较粗吧。"我又打给外婆，外婆说："可能比较寒吧。"我心想，难道广大劳动人民就这么挑剔？因为有点寒，就家家都把这鲜嫩的菜叶子扔掉？我觉得似乎还应该有其他说法，就上网查。谁知不但没查到"不能吃"的原因，还查到一大堆"应该吃"的理由。原来芹菜叶的营养要比芹菜茎高得多！

那么，该怎么吃呢？因为没吃过，我就怀着一种对待野菜的态度来研究它。清炒的话，口感可能会比较粗，且浪费了那股清香。若和肉类合炒，一定没有芹菜茎爽脆，最终便不能还叶子以公道。用一种什么方法，才能充分利用叶质的柔软，发挥叶汁的清香呢？

当然是煎鸡蛋！

女儿负责调鸡蛋，有点不放心地说："你刚才还说不能吃？"芹菜叶拌进鸡蛋液时，已是翠绿与鲜黄相映，十分好看。等鸡蛋液一下锅，香味顿时弥漫满屋。我这才发现，此时是闻不到什么芹菜味的，但是鸡蛋的香味，却比平时香了十倍。女儿顾不得烫嘴，连吃了两块。这样煎出来的鸡蛋，仿佛色泽也特别金黄。我放到阳台的小桌子上拍照，有点疑惑，究竟是黄昏的落日使煎蛋镀上分外迷人的霞辉，还是芹菜叶的青绿反衬得煎蛋愈发金光流溢？日落西山，煎蛋上桌，今天的晚饭，又是叫人期待与回味的。

从此，我择芹菜，都留着叶子。好多东西，该去还是该留，确实要尝过才知。有些人对好东西的糟蹋，是气得死人的。最典型的是我家以前的保姆，择韭菜花把花掐了，切五花肉把肥肉剔了。

后来我研发出更多的芹菜叶菜式。放汤、做酱料、做凉拌，简直可以当芫荽用，且比芫荽的香型更突出。

把芹菜叶剁碎了和蒜头辣椒一起爆炒，浇上豉油做成蘸汁，蘸什么都令人食欲大增，用来捞粉捞面更容易吃不知饱，食罢抚肚不已。我以前做手撕鸡时常拿芫荽和花生一起拌鸡肉，能去肉腥味，鸡肉吃起来更清香弹牙。现在把芫荽换成芹菜叶，同样好看好吃，又不浪费。人间到底有多少好东西，要经历过差点被抛弃，不经意被挽留，给人以享受，人们才知道它的好，珍惜它的好呢？

35.
春笋鸡丝忆红楼

我爱吃笋，喜欢做笋干焖肉、鲜笋炒肉什么的。有个亲戚从国外回来，我见春笋正嫩，就做了一道春笋炒鸡丝。把鸡胸肉或去皮的鸡腿肉切成丝，用油盐生粉腌过。把鲜笋切成丝，用清水加盐煮十分钟，捞出洗净，滤干水。把辣椒切成丝，姜蒜起油锅，放入鸡丝爆炒片刻，倒入笋丝继续炒，锅将干时溅两滴白酒，最后加入辣椒丝兜炒两下，打个薄芡收火。

春笋鸡丝一上桌，博士就举箸霍霍，三两下吃光了，连姜丝蒜粒都不剩。博士抹抹嘴说，好菜，好菜，这可是红楼菜式啊！我说："是吗？是史太君宴大观园还是群芳宴怡红院？"

博士说，都不是。

博士是位红楼迷，在大学里教些清闲的功课，就把伯克利大学图书馆里的脂版红楼梦读了个烂熟。这是众多古版《红楼梦》中最令我神往的一套，要知道，张爱玲就是读透脂版，才写出《红楼梦魇》的。

博士吃完春笋鸡丝，便回忆起他改良"红楼菜"的逸事。

贾母吃饭，除自己的几样菜外，还有一个"各房另外孝敬的旧规矩"。贾母年纪大，没啥口福的，经常是掀开看看，略领心意就算了。有一天来了一碗"鸡髓笋"，贾母便把这笋留下吃，叫人把其他菜送回去。可见这鸡髓笋是好菜，能得到识饮识食识享乐的贾母的青睐。少年博士读到这里，口舌生津，就去查古书食谱中鸡髓笋的做法。还真有这道菜，但工序极其复杂，竹笋要用鸡汤煨过，再把鸡肉剁成蓉酿进空心处，又抹这个香油那个香料的，再放到蒸笼里蒸，最后再浇上什么鸡汁鸡油来增色。这对于一个大学生来说，可操作性几乎是零。但博士不甘心啊。他又想起晴雯姐姐想吃芦蒿，厨娘柳嫂殷勤地问要肉炒还是鸡炒，便灵机一动，悟出鸡肉和笋本是极对味的，不一定要精烹细作，即便简单如“鸡炒蒿子秆”，只要味道搭配得好，就是佳物。于是，每逢家里杀鸡，博士就把吃剩的鸡骨头带回宿舍，再买点笋，切细，用小电炉煮着吃。他说，香味能飘到女生宿舍。

我津津有味地听着鸡骨春笋的故事，当听到最后一句，便哈哈大笑起来。我说：“原来如此！你说的红楼菜式，不是曹雪芹的红楼，是华师大中文系旧宿舍区那四层高的小红楼！不知有几个晴雯姐姐吃过此菜？”博士的脸竟红了一下，加上沉浸在回忆中的迷离眼神，越发有了几分醉色。

博士不是红学家，但是个红楼解人。我最怕读一些学究论红楼的文章，书是翻烂了，学问越做越深，却离人性越来越远。清代“读花人”评赵姨娘有一妙论，曰“下体可采”，深得精髓。当今有一学者的论文，竟引《诗经》“采葑采菲；无以下体”句，来重新解释这四字，硬说这不是贾政的性体验，而是“不淫其新婚而弃其旧室”的道德。这实在是读破红楼毁了梦。《红楼梦》让这样的学究看了，等于把一款雀腿酿豆芽针，让牛吃了。

而我们可爱的吃货博士，能在拮据的年代，把鸡髓笋和鸡炒蒿子秆合为一道鸡骨焖笋，不愧为用卑微的力量使《红楼梦》发扬光大。苏东坡曾作《梅花悟道》——“世人有见古德见桃花悟道者，争颂桃花，便将桃花作饭，五十年转没交涉。正如张长史见担夫与公主争路而得草书之气，欲学长史书，便日就担夫求之，岂可得哉？”博士是春笋悟道了。世人知红楼之美，便将红楼作饭，转没交涉。竟忘读书之乐，岂可得哉？

36.
享味思亲又清明

清明是祭祖思乡的日子，儿孙聚首，感念亲恩。但清明未必是哀伤的，反因平日聚少离多的家人得以共叙天伦，而添了温情。自古如此。

丰子恺在散文《清明》中回忆起儿时扫墓的情形，说孩子们漫山遍野跑，用蚕豆梗做笛吹着玩，中午吃船家烧的饭，味道特别好，临走还有山中和尚来送春笋……他父亲更是兴致勃勃地作过八首《扫墓竹枝词》，“却觅儿童归去也，红裳遥在菜花中”，可谓乐而忘返。

看那《梦粱录》，更为壮观。清明时节，“官员士庶，俱出郊省坟，以尽思时之敬。车马往来繁盛，填塞都门。宴于郊者，则就名园芳圃，奇花异木之处；宴于湖者，则彩舟画舫，款款撑驾，随处行乐”。真是好一派盛世春游景象。

清明时节，我去拜祭外公，不寻名园芳圃，更无彩舟画舫，只亲手炒两味小菜，奉于案前。外公可是个美食家。

在我童年的记忆中，外公最喜家乡的大蒜焖五花肉和红

焖猪脚，每有家宴，必有此两道招牌菜。可能是因为以前厨房里没有抽油烟机，外公一做这两道菜，浓香的肉味就弥漫到整间屋，呼进吸出的都是肉香，令人幸福到有呼吸错乱的感觉。那时当然不是常有焖肉吃的，所以更令人期待。一次外婆买了两只猪蹄，下班经过广州农讲所，专门进去找外公，对他说："早点回来，今晚薯仔焖猪脚！"外婆是珠海下湾人，说广州话时唇音一概只发齿音，"焖猪脚"在她念来，就是"蚊子脚"。外公的同事大为骇然，说："你家做饭都出神入化到什么程度啊？连蚊子脚也焖得！"

此事我并未亲见，听外公回家大笑着说起时，就觉如在眼前。如今20多年过去，依然如在眼前。

除了焖猪脚的滋味，我常常想起的，还有外公做的凉粉。那可不同于我们现在吃的罐头凉粉和龟龄膏，它的口感更为稀软，有新鲜草药的清香，客家话叫"仙人板"，是用一种叫"仙人草"的草药熬水煮成的。至盛暑，外公就叫人从老家带了仙人草来，用铁桶盛着熬出一大桶墨汁一样的水，草味飘香。待稍凉，外公就赤膊蹲在地上，肩上搭一条毛巾擦汗，把手伸进桶里，捞起一条仙人草，用手指将草浆尽捋至桶中，把草秆扔掉。这样一条一条地捋，必得半天工夫才行。等仙人草汁完全冷却，就自然凝结成膏体状，拌点蜂蜜或白糖，乃消暑妙品。

外公没有教过我做饭，我忆着他的身影和只言片语，也做出几味地道客家菜。

有一味荞菜饼，把荞菜和萝卜干切碎，和上面粉浆，在小锅里一煎，奇香扑鼻。

还有寻常的清炒豆角，怎样才入味，又够镬气呢？想起外公说，豆角要用盐“爆锅”。我琢磨了好久，才得其要领。炒蔬菜一般是最后下盐的，下得早菜易蔫易黄，而炒豆角，则要一下热锅就放盐，再猛溅几滴水，激起白烟，豆角才入味，且吸镬气。

最好吃的是蒸萝卜肉圆，把白萝卜刨成丝，拌点萝卜干粒和肉末，和上薯粉搓成团，放在竹笼里蒸，撒上胡椒粉和葱花衬热吃，韧性十足，甘香悠长。我做了两次，萝卜丝都太松软，黏不成团，蒸出来也没韧性。后来灵机一动，把刨好的萝卜丝放到阳台上风干一晚再做，成功了。

思念外公，却想起一大堆美食，外公会不会笑我还像小时候一样贪嘴呢？广州人拜山，要“太公分猪肉”，把拜祭过的乳猪分给众儿孙，与太公“齐享”。可见子孙丰衣足食、识饮识食，是祖先的愿望。子孙越识食，就越孝心。我把乳猪做成荞菜炒香脆猪皮、玉米甘笋炒肉丁、苦瓜蚝豉焖腩肉、菜干杏仁猪骨粥四味，外公有知，定会很得意的。

37.
三块排骨一碗饭

喼汁排骨的做法，是我从一个朋友那里偷师的。朋友其时并不是在讲饮讲食，而是在回忆自己的奶奶。他说，阿嫲

最会做喼汁排骨，总是选最好的“西施骨”，用油、盐、糖腌过，下锅慢火煎成金黄，再浇上喼汁，就烧成了酸酸甜甜的喼汁排骨。小时候，阿嬷规定，一碗饭只能吃三块排骨。他总是空口吃完一碗白饭，再有滋有味地细吮那三块排骨。吃完了以后，还舍不得，又把自己面前的骨头重新夹起，再吮一遍。阿嬷笑笑，把自己碗中的一块排骨，夹到他碗里……

我听这故事的时候，一位慈祥的老奶奶的笑容如在眼前，一碟香喷喷的排骨更是如在眼前。回忆是一层淡淡的金光，笼罩着心底的影像，使它们细腻无比，剔透无比。这喼汁排骨的滋味，对朋友而言，就是对奶奶无尽的思念了。朋友还说，他离开家乡后，一直很想吃喼汁排骨，但不管放多少酱油去腌，排骨煎起来还是苍白的。后来，他专门回乡向奶奶讨教喼汁排骨的秘诀。奶奶说，要把排骨煎得金黄的诀窍是腌时多放一点糖。排骨表面金黄的色泽不是来自酱油，而是白糖受热后变焦的特有光泽。后来这位朋友就常常自己做喼汁排骨，可惜的是，奶奶一直没有亲口吃到他做的排骨。

这段排骨往事，使我对味觉的潜藏力为之惊讶。我曾见过有人找一种牛肉干，找了20多年，才找到小时候在父亲书房里认字得赏吃过的那一种。他望着牛肉干包装上的“思亲念祖，乡物传情”8个字，满目温柔，手拿着那牛肉干，不舍得放进口中，一遍遍地闻了又闻。还有人为了找小时候爷爷从南洋带回的沙茶酱，从广州找到四川，从四川找回潮州，又从潮州找到香港……

听了排骨与乡愁的故事不久，我在一次聚餐会上做了一道喼汁排骨。那位爱吃排骨的朋友也在，他一吃就说：“就是阿嫲的味道，就是阿嫲的味道！”然后，轮到他眼波流动，说不出话来了。这一次，我更加相信，儿时记忆中的味道，是根深蒂固的，一生与亲情同在的。

我迫不及待回家做喼汁排骨给女儿吃。买回喼汁一瓶，西施骨（肉最嫩带软骨的那一种排骨）一斤。用姜蓉、盐、油、白糖腌排骨一小时。用慢火煎排骨至熟透并呈金黄色。均匀撒入蒜蓉再煎一小会儿。浇上两三匙喼汁，翻动排骨使其均匀上色，收火上碟。

排骨端出来很烫，女儿忍着烫，张牙咧嘴地用手抓排骨吃。还没盛饭，就吃了半碟。此后我常做喼汁排骨。可是女儿很快吃腻了。为了哄她吃饭，我用喼汁排骨的方法，把材料稍变换，做了颜色更鲜艳，口感更开胃的橙汁排骨。过了一阵，她又吃腻了。我又做沙茶酱蒸排骨、银鱼仔排骨焗饭、莲藕蚝豉焖排骨、黄豆茄汁排骨……

我很想告诉女儿，从前的小孩三块排骨吃一碗饭的故事，叫她不要太挑剔。又觉得没有用，因为她深知，她少吃饭，大人比她还急。所以，我还是多做几款排骨，等她一味接一味吃腻了，再从头做一遍。

38.
一定要手撕

我觉得鸡最有鸡味的食法，不是白切，而是隔水原只蒸咸鸡。而鸡最痛快的食法，绝不是快餐店的整只炸鸡，而是粤菜烹鸡最精细之手撕鸡。我嫌传统的手撕盐焗鸡肉质稍干，就结合蒸咸鸡与手撕鸡的做法，实际上是蒸咸鸡的再加工。既有咸鸡的浓郁鸡味，又稍清爽些，更妙在骨皮肉形散而神聚，各得益彰，把一只靓鸡皮爽、肉嫩、骨脆的特点尽显，实在是很有滋味的食鸡之法。

手撕鸡顾名思义，一定要手撕才有风味，若用刀斩，肉质会变绵失去爽口弹牙之感。而且要撕完即食，若撕完再加热，则鸡味尽失。但在外买熟食，对别人的手撕过的食物，总是不太安心。所以吃手撕鸡，我一定自己做。

鸡是一年到头都吃的，但四时做法不同。盛夏太热，人不想吃大鱼大肉，吃鸡适宜白切。秋冬转凉，可焖鸡进补。隆冬严寒，最好是用鸡打边炉。如今春夏初始，天气慢慢暖起来，食欲尚佳，是吃手撕鸡最好的时候。

手撕鸡是讲究肉质的，绝不能用太大的鸡，肉粗骨老，撕开像布絮一样，味道调得再好也令人生厌。最好是个头不大的鸡，一次吃完，不隔餐。若吃不完放冰箱，第二天取出来，加不加热都很难吃。

某日和朋友说起李渔食鸡，“重不至斤外者弗食”，理由是“鸡亦有功之物”。大家对李公子不吃小鸡是相信的，但对这理由很怀疑，很不厚道地猜想，这大美食家，可能是深知“重不至斤”的雏鸡没什么鸡味，所以不吃。我做手撕鸡，也选一斤半以上两斤以下的，既不失功过，又不失口感。鸡既要成为佳肴，就要尽得其味，才不枉为鸡，鸡德圆满。

自制手撕鸡的材料有活鸡一只、盐焗鸡粉一包、即食海蜇一包、咸香花生一包、芫荽一束、菜心一把。把光鸡整只洗净，抹干水，用半包盐焗鸡粉内外抹匀，腌两小时。利用腌鸡的时间，把鸡杂洗净，用油盐、姜蓉腌着，把芫荽洗净，取梗切碎，把菜心洗净备滚汤。在鸡肚子里塞几片姜，隔水蒸15分钟，蒸熟后放凉。把鸡撕开，取出鸡骨，鸡皮放到一边，在鸡肉中加入花生、海蜇和切碎的芫荽梗，用剩下的半包盐焗鸡粉拌匀。把鸡皮铺在鸡肉上，可上碟。海蜇和芫荽可增香添色去肉腻。吃的时候，鸡肉与海蜇、花生一同被夹起，送进口中，齿颊生香。

39.
广东人不识腊八节

腊八节不是时髦的节日，知道的人不多，尤其是南方人。广东人以前是不过腊八节的，近年因着商家的促销活动，才略知一二。

腊八节的来历有很多说法，有说腊月开年庆丰收吉祥，有说秋收冬藏祈福消灾，有说纪念释迦牟尼成道……不管如何，人人有粥吃的腊八节都是传统的、温暖的、热闹的。在北方，到了腊八，人就闻到了春节的味道。这个古老的节日，已经过了一千多年。

广东人吃粥习惯吃咸的，状元及第粥、荔湾艇仔粥、生拆鱼蓉粥、沙虾花蟹粥、香芋花螺粥、砂锅海鱼粥、蕉蕊咸鸡粥……都吃不过来了。所以我很少煮腊八粥，倒是借腊八粥的杂锦灵感，经常煮“腊八麦片”。花生、杏仁、葡萄干、牛奶、鸡蛋、水果、饼干碎……加到麦片里，就是营养丰富的早餐。小孩子爱寻宝，吃麦片时一口吃到葡萄，一口吃到杏仁，就兴高采烈，吃得干干净净。

我查了一下各地的风俗，其实腊八节也不是全民皆粥的，有些地方还吃腊八面、腊八蒜、腊八豆……我决定发扬粤菜生炒糯米饭的特色，做一款满眼风情、满口滋味、满心温暖的腊八饭。

我找出了八样材料，一丝不苟地炒起了腊八糯米饭。首先将糯米浸水，为节省浸水时间，可煮开后立即收火浸泡，约泡两小时。准备八宝材料：腊肉、腊肠、腊鸭、虾米、冬菇、腰果、芹菜、鸡蛋。将虾米和冬菇分别用清水泡软，把腊味蒸熟，把鸡蛋煎成蛋皮后切丝，把蒸熟的腊味切粒，把虾米和冬菇切粒，把芹菜切碎，把腰果切碎。不粘锅中放少许油，放一点姜蓉，依次倒入腊味、虾米、冬菇，炒香后盛起。借鉴煮银丝面用“过冷河”使面更爽口弹牙的原理，把浸过温水的糯米用冷水冲一下，沥干水，用锅中剩下的腊油炒糯米，用慢火不断翻炒。糯米炒到差不多断生时倒入之前

炒过的配料，加几滴豉油在饭中继续炒。饭全熟时倒入鸡蛋丝、腰果、芹菜，炒匀收火。

生炒糯米饭讲究足料、细工、慢活。糯米泡水时间不够则炒不熟，泡太久则炒不成粒；炒饭火太大易粘锅，火太慢就没镬气；腊味下锅太早会变干，下锅太迟又不粘饭粒……注重细节，炒出来的饭才软软糯糯，却依然颗粒分明，饭不成块，米不粘牙。由于八宝匀嵌饭中，香味浑然，糯米粒粒入味。糯米暖胃，天冷吃碗热热的糯米饭，出门能顶半天暖。

好吃是不怕麻烦的。看看古人如何做腊八粥，就知道我的腊八饭不算复杂了。

《燕京岁时》记载："腊八粥者，用黄米、白米、江米、小米、菱角米、栗子、红豇豆、去皮枣泥等，合水煮熟，外用染红桃仁、杏仁、瓜子、花生、榛穰、松子，及白糖、红糖、琐琐葡萄，以作点染……每至腊七日，则剥果涤器，终夜经营，至天明时则粥熟矣……并用红枣、桃仁等制成狮子、小儿等类，以见巧思。"用果仁雕狮子，用枣泥捏罗汉，可见材料惊人，工夫更惊人。

宝玉说黛玉是一只法力无边的小耗子精，为了学世人煮腊八粥，就在腊月初七变成人，化作香玉偷香玉（香芋）。当我做好香喷喷的生炒糯米饭时，也开始怀疑自己是一只来人间偷取美食的小兔子精。

40.
吃下彩虹去私奔

有一天清晨，我在阳台上看见了彩虹。彩虹越来越长，越来越清晰，渐渐出现了双虹，内虹灿烂，外虹素淡，七彩毕现，美得不可思议。

这是我第一次看见这么完整绚丽的双虹。有人说，看见蝴蝶是有亲人在想念你，看见喜鹊是你在想念心上人，那看见双虹，又是什么喜事呢？

我把彩虹拍了下来，久看不厌。我很想知道，这横空出现的彩虹，要告诉我什么秘密。查《辞海》，原来彩虹是有雌雄之别的！虹双出，则内侧为虹，外侧为霓。虹为雄，色泽盛。霓为雌，色略暗。这么说，原来霓虹是夫妻。也许霓虹并不短暂，只是凡人看不见而已。偶然看见，正是它们交融之巅，得意忘形而现了身吧。

《诗经》说：

蝃蝀在东，莫之敢指。
女子有行，远父母兄弟。
朝隮于西，崇朝其雨。
女子有行，远父母兄弟。
乃如之人也，怀昏姻也。
大无信也，不知命也！

蝃蝀就是彩虹。那么这位蝃蝀当头的女子究竟想做什么呢？我读了两个版本的诗经。云南大学出版社说，这女子要私奔。中华书局版本说，此女向往婚姻，即广州人常说的“恨嫁”。

我决定发明一道菜，像彩虹一样缤纷，像恋爱一样美味。把彩虹吃进肚子，爱情就跑不掉了。

要像彩虹，就需要色彩鲜艳。要像恋爱，就要酸甜、滑腻，营养丰富。我想了一下，最合适的材料是番茄、鸡蛋和新鲜鱼滑。

构思好了，做起来就简单了。准备鸡蛋两个、西红柿一只、新鲜鲮鱼滑一至二两。将鸡蛋打散煎成鸡蛋皮，放凉。把鱼滑摊平铺在鸡蛋皮上，撒上少许葱花。把鸡蛋皮裹住鱼滑卷起成长条状，放进锅里蒸熟。用小刀把蛋卷细心切成片，交错摆开，可见蛋丝在鱼滑中呈旋涡状。把番茄切碎倒进锅里炒熟，收火后加糖调成酸甜的芡汁。把番茄芡浇在蛋卷上，擦净碟边的汁液，上桌。

煎蛋皮、卷鱼滑、蒸蛋卷、浇番茄汁，只需几道工序就完成了。切成片的蛋卷交错排在碟子中，弯弯如彩虹。蛋卷呈旋涡状的横切面中，可见蛋的鲜黄、鱼肉的银白、葱花的青翠，再浸着红红的番茄汁，虽不完备彩虹之色彩，却已尽得彩虹之娇媚。“彩虹”上桌时，番茄肉粒随着汁液从蛋卷顶端滑落碟中，流光溢彩，如梦如幻。那番茄汁滑润的口感，仿如情人的热吻，让人倍感亲切，心领神会。

如果你正要去约会，不如亲手做出这道番茄汁鱼滑蛋卷，和你爱的人一起吃下吧。把霓与虹都吃进肚子，从此你中有我，我中有你。

41.
苦是高级的味觉

有位嗜苦瓜的朋友说，苦味是最高级的味觉，有一定阅历与品位的人，才懂得欣赏苦味。

我很赞成朋友的苦瓜哲学，理由有三。

一是大部分小孩子大都不喜欢吃苦瓜。

二是石涛有一别号，叫“苦瓜和尚”。汪曾祺曾考究过这苦瓜别号之因由。他说石涛是广西人，应该从小就吃苦瓜，而且很爱吃。“苦瓜和尚”这一别号可能有一点禅机，有一点独来独往的、不随流俗的傲气。汪曾祺还进一步说，对于一个作品，应见仁见智，可以探索其哲学意蕴，也可追踪其美学追求。他希望现世的评论家和作家，口味要杂些，能习惯类似苦瓜一样的作品，能吃出一点味道来。

三是黄永玉的一幅漫画。“欣赏水平如喝茶，开始时喜欢加糖。”

苦中甘味，无疑是沉着之味，岁月之味，最堪回味之味。

女儿爱吃苦瓜，她是爱口感的刺激，比如芥菜的辛辣、香芹的醒神，连吃柚子，也爱微酸微涩的品种，还说：“痹痹地好过瘾!”

不过她对苦瓜的做法却是挑剔的，不喜油多，不喜色黑，不喜焖烂。她喜欢清炒苦瓜和苦瓜滚汤，也就是苦味被破坏最少的吃法。蚝豉苦瓜排骨汤是一道传统菜式。市场买回新鲜苦瓜一条、排骨一斤，准备好蚝豉数只、腊鸭肾一只、黄豆一小撮。先用清水浸泡着黄豆。将苦瓜洗净切成块。在沸水中放两片姜，将排骨“飞水”。蚝豉和鸭肾也用沸水冲洗一下，以去陈油味。将黄豆、蚝豉、鸭肾、排骨、姜数片放在小汤锅中，加入蒸馏水，开始煲汤。汤沸腾后转文火煲40分钟，见肉绵汤浓。加入苦瓜，煮至苦瓜稍软，仍保持青绿为宜。

夏天吃这道菜，消暑降火，啖啖回甘，汤尽而意犹未尽。再备一小碗辣椒豉油做蘸料，捞起汤中的排骨、蚝豉、鸭肾，又是下饭好菜一碟。

42.
茶树菇，干的比鲜的好

美食贵在新鲜，当然不假。我的理解，新鲜是指将材料保留在最新鲜的季节，随时采用。未必是滴着水入锅的，才叫新鲜。

若采摘得时，制法得当，许多干货往往比鲜货更浓郁，更有风味，更得大自然时令交替之精华。鲜货只能入味，干货既能入味，又能出味。

茶树菇，就是干货绝对比鲜货美味的一种食物。新鲜茶树菇没什么味，炒起来容易断，还会出水，没色没味没香，吃起来就没意思。干货茶树菇却是妙品，可炒可焖可煲汤。我常做的是茶树菇炒牛肉、茶树菇焖鸡、茶树菇煲响螺汤。

茶树菇有种奇特的香味，像松木、像草药，耐人寻味。它味浓而不俗，汤水喝到口中是干干净净的感觉。

我曾很喜欢某湘菜馆的干锅茶树菇，香辣诱人，每次必点。朋友听了我的介绍，也去吃，却抱怨说其香寥寥。我很奇怪，自己又去吃了一次，原来他们把干茶树菇换成新鲜的了。这样成本就大大降低了。我后来再也没点这道菜，在家做茶树菇焖红烧肉。取干茶树菇适量在清水中浸泡约20分钟。将连皮的半肥瘦猪肉稍“飞水”，切成方块，用老抽、盐、糖腌片刻。用红辣椒和葱头起镬，将肉块倒入锅中。用猛火翻炒肉块片刻，溅几滴白酒。加入茶树菇，翻动肉块，加入清水半碗，盖上锅盖，调至中火，焖至肉块绵软。

茶树菇吸足了大山的气息，释放在一口小小的锅中，未尝此香，不识真味。

43.
差点扔掉的“红珠翠玉”

绿如翡翠，散落零星圆润的红宝石。这样好看的一道菜，是再普通不过的腊肠粒炒通菜梗。

第一次炒此菜，是应急。爸爸临时来家里吃午饭，没有准备，进门时，我们已经吃完了，还剩点米饭。我们次日要出门旅游，没留剩菜，冰箱也是空的。

做点什么好呢？爸不爱吃鸡蛋，不喜欢罐头，对斩料更是厌恶，说外卖的熟食鸡鸭都有陈年砧板的霉味。我环顾厨房，看到菜篮里有一捆通菜梗。那是我做午饭时摘下来的，已经吩咐保姆丢掉，她没忙过来，还没丢。我大喜，忙将菜梗洗净，甩干水，切成小段，加以腊肠粒、辣椒、蒜头爆炒，喷香满厨。

一碟小菜，爸吃了两碗饭，还想添，没饭了。

后来，我就不时做这个菜，尤其是气候不好或舟车劳顿令食欲不振时。通菜嫩叶摘下炒给小孩吃，菜梗就切碎了爆炒，放腊肠是为了起镬更香，有时不想吃腊味，就换成豆豉和红辣椒干，也极下饭。

此菜不能常做，太下饭，易增肥。

44.
姜汁煎鸡翼，很有女人味

我闻到当归就觉得浑身舒服，吃到姜汁就感到头脑精神。有位厨师说我这些反应“很女人”。我只听说过穿衣服很女人，写文章很女人，没想到味觉也会“很女人”的。

有了厨师的理论支持，我就放胆在做菜时使用当归和姜这些“女人味”了。

叫女友到家中吃鸡煲，我将当归切片放入汤底，女友没进门就闻到香味，一副饥渴的表情。吃完鸡喝完汤，当即脸色红润，貌美如花。第二天我接了女友家打来的电话，竟是她老公，问我昨天给他老婆喝了什么汤，喝得这么漂亮。此后我每次见到这位女友，就问她：“最近常常当归吗?”还带一脸坏笑。

姜汁比当归就更易搭配了，几乎可以餐餐吃到。炒芥蓝放姜汁烧酒，芥蓝青绿爽脆香满堂。煎蛋放点姜汁，蛋黄色泽更美，味道更鲜。油泡牛肉加点姜汁，牛肉嫩滑，口感清香。

鸡翼是最快捷简便的食物了，做法多样。炸鸡翼宜下酒，但太油腻，也耗油。卤水或蚝油鸡翼宜下饭，但汁酱不太好调，很容易只有咸味，毫无鸡味。煎鸡翼既宜下酒，又宜下饭。煎鸡翼一定要腌够味，姜汁与鸡翼是绝配。少了姜汁，鸡翼黯然失色。因为姜汁，是温、补、宽、和的女人味。

把生姜刨成姜蓉，用纱布拧出姜汁，约半碗。鸡翼解冻后擦干水，用盐、糖、生抽、姜汁拌匀腌一小时。在平底锅上浇适量油，鸡翼厚身，油应比煎蛋时多放一点，用中小火

慢煎鸡翼。放鸡翼入锅时要均匀铺开，动作缓慢，不要把滚油溅起烫伤自己。用筷子不时翻动鸡翼，煎至两面金黄。筷子能轻易插入鸡肉内为熟透。喜香口者可煎得干身一点，一般为外香内嫩为宜。把鸡翼在碟中摆好，建议请客时不要将此菜作为第一道菜上桌，因为当你端着第二道菜出来时，鸡翼已被抢光。

45.
一个人也要好好吃饭

古今有不少反映战争的边塞诗词，或豪情，或忧愤。独有一首浅白平淡、毫无血腥的汉乐府，我第一次读时，竟怅然泪下。

> 十五从军征，八十始得归。道逢乡里人，家里有阿谁？遥看是君家，松柏冢累累。兔从狗窦入，雉从梁上飞。中庭生旅谷，井上生旅葵。舂谷持作饭，采葵持作羹。羹饭一时熟，不知贻阿谁。出门东向望，泪落沾我衣。——《十五从军征》

仗打完了，家里人都不在了。自己收拾残垣败瓦，自己做饭吃。虽是艰难，还是可以做到的。不是打了一辈子仗都活过来了吗？可是饭做好了，不知叫谁一起吃。这时就撑不住了，搁下碗筷，老泪纵横。

一个人吃饭，原来是这么凄凉的事情。

读了《十五从军征》，你就会理解白居易的《新丰折臂翁》，为什么"偷将大石捶折臂"，也不愿去打仗。虽然老来"直到天明痛不眠"，但他"痛不眠，终不悔"，起码还有"玄孙扶向店前行"。这个折臂翁家里开饭时，应是五代同堂了。哪怕野菜粥熬得稀一点，也是有滋味的。

如今承平之世，不打仗了，真正是"惯听梨园歌管声"，可是好多人都不爱和家里人吃饭了。可能是大家工作忙，可能是快餐店太多，反正一家人各自解决吃饭问题的家庭不在少数。这也没什么不好，不用互相迁就时间和口味。家务劳动社会化，可以大大提高生活效率，但生活质量却同时下降了。

常常一个人吃饭的有两种人：一种是已离开父母独立生活，但暂未成家的单身人士；一种是家人都在外忙碌，自己在家操持的家庭主妇。楼下的快餐店都吃腻了，就自己下面条。当面条也吃腻了，就开始心情郁闷，怀疑人生。

我们是吃米饭长大的，胃里没有饭气，做人就没有底气。哪怕一个人吃饭，也要好好对自己。粉面杂粮，偶然调节一下可以，要是经常一个人吃饭，还是不能太对付，太草率。自己动手，饭热菜香，心情愉快。

一个人的晚餐，怎样做得又简单又好吃呢？

周末卤一些鸡蛋、鸡翅、鸡腿放在冰箱，随时取出来叮热，或者用平底锅煎香。多买些土豆、玉米、萝卜之类便于存放的蔬果，可以做各种配菜。米饭也可以一次煮两三顿，用微波炉叮之前在饭面洒几滴水，用保鲜膜轻轻盖一下再叮，饭就不会硬。一个人吃一碟饭，有汁有肉，加个青菜汤，就心满意足了。

从冰箱里取出的饭，用来炒饭特别有韧性。青瓜粒、玉米、咸蛋黄、鸡蛋、姜蓉、虾仁，都是炒饭的好材料。炒饭时放点牛油，会特别香。

如果喜欢吃新鲜一点，可以焗饭。用电火锅煮饭，饭干水时，放进调好味的肉类。饭熟时，肉也焗熟了，肉香渗进米饭，米饭又香又软。常用的材料有滑鸡、肉片、牛肉、排骨、腊肉腊肠、鱼干等。

再精致一点的话，可以自己蒸饭吃。在炖碗里放米、放水，蒸到水快干时，放入肉类继续蒸。蒸饭比较耗时，但是米香浓郁，粒粒晶莹。蒸好后，再加半个咸蛋，就更丰富了。

“客从远方来，遗我双鲤鱼……上言加餐食，下言长相忆。”关心一个人，除了叫他好好吃饭，好像也没什么更朴素的表达了。所以，一个人也要好好吃饭，为了爱你的人。

46.
炖给自己喝的汤

现在有很多烹饪节目，一说起煲汤，不是给老人养生，给孩子清热，就是给老公进补。为什么就不能仔仔细细炖一碗汤给自己喝呢？当然别人要喝也可以盛一点的，但主要是自己喝。

我的闺蜜们都爱到我家聊天，说一些落花流水的故事。

这些不再天真，却依然烂漫的女子，常常抱怨如今君子太多，侠士太少。我非常珍视这种抱怨。我们到了这个年纪，还能有自作多情的心境，这是多么值得庆幸的事情！所谓青春常驻，未必在容颜，也许是白发苍苍之时，仍能自作多情。

闺蜜来找我玩，我一般会先炖下一盅汤或燕窝甜品之类。聊完一曲现世《长恨歌》，汤也炖好了。

有一次我炖的是鲜鲍鱼石斛炖猪腱。鲜鲍鱼剖净肠肚，用软毛的小牙刷仔细把鲍鱼壳及肉上面的黑色物质刷干净。猪腱洗净“飞水”，横切成大块。加几粒金石斛和干瑶柱，生姜几片，放进炖盅，倒入纯净水慢慢地炖。

闺蜜喝了，就把心中那个“猪头”忘了。过了一阵子又来敲门，说：“这回不聊天了，直接喝汤行不？”

我说，太好了！喝汤才是三观正确的事情。你想让别人爱你，一定要先懂得养自己、爱自己。你也许曾经很爱一个人，但时过境迁，更爱的是那时候的自己。缘深缘浅，没有对错。如果有一个人，能让你因为爱过他而更爱自己，这个人就值得珍惜、值得感激。

我们聊天的时候，阳台上一丛红白相间的杜鹃热烈地开着，如瀑布般倾泻而下。杜鹃不关心我们的心事，它只是自顾盛开，不经意地迷住了我们的眼睛。

近水楼食单

卷三 时令单

不时不食，其实是一种爱情观。

47.
花神该长什么样子？

中国神仙的形象可塑性极大，同一个神仙，在不同的传说中，就穿上不同的衣服，扮演不同的角色。名气比较大的神仙一般会有一个约定俗成的公众形象，而一些出镜率不高，比较偏门的神仙，则幻化百身，随人想象。

比如花神就很扑朔迷离。花开人间是百态，花神该长什么样子？谁也说不清。

《镜花缘》里的百花仙子是年轻貌美的仙女，因违反时令开花而被玉帝贬下凡，投胎还是当女子，且是一名才女。

《今古奇观》里的花神，却是个老翁，家有灌园供养百花，人称灌园叟。此公生平爱花甚于性命，“若有一花将开，不胜欢跃，或暖壶酒儿，或烹瓯茶儿，向花深深作揖，先行浇奠，口称花万岁三声，然后坐于其下，浅斟细嚼。酒酣兴到，随意歌啸。身子倦时，就以石为枕，卧在根傍”。后有富人恶霸欲霸占花园，灌园叟不畏权势，护花有功，被玉帝降旨封为护花使者，专管人间百花。

就算在同一个故事里，花神也忽老忽少，忽男忽女。在昆剧《牡丹亭》中，花神是个很重要的角色。杜丽娘和柳梦梅在花神的牵引下入梦，千里相会。杜丽娘思春而亡，花神又用百花之精护其肉身，让她容颜不改，等待柳梦梅来幽媾，然后还魂。在我看过的《牡丹亭》里，就有好几个不同版本的花神。有手捧红花带领若干少女载歌载舞的少妇，有身穿素服在一众红衣女子中脱尘出俗的冷美人。花神的行当最常见的还是花脸，声如洪钟，身段硬朗，富有正义感和同情心，面对柔柔弱弱、哭哭泣泣的杜丽娘，也为其至情至性的深情而感动，费心为之周旋，保其不朽之身等待情郎的救赎。这样一个刚性的花神，风头往往抢过秀美的小生与花旦。

吃过百花菜后，我更明白了花神的多面性。神仙的性格就是人性，但凡丰满的人物，性格绝不是单一的。就如美食，但凡好的滋味，味觉也不是单一的。先淡苦后甘甜，自微涩转清香，咀嚼生津，久久回味。这就是百花菜的味道。春雨过后，百花菜更鲜嫩清甜，带着山谷与小溪的气味，好像煮再多都不够吃。

百花菜有点像野生马齿苋和潮汕的珍珠菜，但口感更鲜嫩，用来煮汤最好，鱼汤、肉片汤、蛋花汤、猪杂汤，百般搭配俱美味。鲈鱼一条剖好洗净，擦干鱼身上的水。锅中放一点油，小火煎鱼，溅点白酒，加入清水煮15分钟。把鲈鱼捞起，浇上麻油和豉油，就是一个下饭菜。把百花菜放进鱼汤里，放一点盐，煮5分钟，至百花菜变软，汤色变深，即可收火。

在番禺不时会见阿婆挑着担子，到山上摘下百花菜来卖。现在识货的人越来越多了，好不容易找到阿婆，却说：“刚被人买走了，明天吧！”

48.
莫等香椿老

椿者，树上的春天。香椿二字写起来美，但在古代名声却不怎么样。香椿的学名叫樗，在《庄子·逍遥游》中，惠子所说的“吾有大树，人谓之樗”，就是这种树。樗树虽高大，但木材单薄，没有什么用处，所以“匠者不顾”。后来有酸溜溜的文人自谦时，也自称“樗才”。

庄子的境界当然是不一样的，在他眼中，无用之用为大用。他说，此树无用，就没人砍伐，可以种于“广莫之野”，可绿化，可遮阴，以供“逍遥乎寝卧其下”。多自在!

庄子没想到的是，中国人实在太能吃，竟然发现樗树树梢上的嫩芽是种天然美味的绿色食物，且美其名曰为香椿。现代人越来越喜欢吃野菜，越来越懂养生，知道了香椿能祛湿、健脾、消炎，可谓“樗才有用”。又有营养学家发现香椿能滋阴壮阳，此为大用。

香椿要在春天时挑最嫩的芽儿吃，稍微长老了就发硬，据说还会产生硝酸盐。为稳妥起见，食用前最好先“飞”一下水。香椿香味独特，烹调不宜复杂，否则会损失了香味。最简单美味的搭配就是鸡蛋。喜欢口感嫩滑的，就做香椿炒鸡蛋。在平底锅放一点油，鸡蛋液倒进去，

慢火炒至稍微凝固，再放入飞过水的香椿炒匀，收火。喜欢口感香一点的，就做香椿煎鸡蛋。把香椿加入蛋液中调匀，放油盐，用平底锅慢火煎至两面金黄，切块上碟。

香椿也可以焯熟后配上其他鲜蔬做成凉拌菜。禅宗五祖弘忍所在的湖北黄梅五祖寺，有四大名菜，煎春卷、烫春芽、烧春菇和白莲汤。其中的烫春芽，就是在春天下过大雨后，采摘香椿的嫩芽，用沸水烫熟，佐以麻油、盐和醋凉拌一下而成。

49.
春韭竟是“起阳草”

韭菜有个了不起的别名，叫“起阳草”，意为有补肾助阳的功效。韭菜是不是真能壮阳，这个有点玄。不过韭菜与葱、蒜、荽头、洋葱并列为“五辛”，确实是被和尚戒食的。宋代名僧释遵式有诗《戒五辛颂》，就细说了吃五辛之罪，“生啖增瞋念，熟食发淫思”，后果很严重。

从科学来讲，大概含挥发性精油的植物，都会影响静修吧。万一佛前放屁，实在罪过罪过。

韭菜在五辛当中被称为“兰葱”，形象顿时优雅了。中国文人善于把俗名叫雅，但也有把雅叫俗的，比如称水仙为“雅蒜”，再雅也不过是棵会开花的蒜。

韭菜实在是种十分平民的蔬菜，随便都能采一茬。普通人家来了客人，来一顿“夜雨剪春韭，新炊间黄粱”，是很平常的。春天的韭菜又嫩又香，我常买一大把，不洗，用报纸包着，再装保鲜袋，放进冰箱。随时取一束出来炒鸡蛋、炒虾米，或者剁细了拌点肉末炒香，再煎一块鸡蛋面饼包着吃，都是十分简单的美食。

春韭和老韭不可同日而语，春韭香味清洌，令人难忘，吃多了会上瘾。“春韭秋菘”，已成为合时令的代表。菘就是大白菜，我却不爱吃，不管什么季节的“菘”，我都不喜欢。在广州人的饮食观念里，大白菜就不能叫青菜。我们去外地旅游时，常见席间以冬瓜、茄子、土豆、大白菜等“冒充”青菜，实在可气。所以很多广州人到了外地，点菜时就要特别说明，“要有叶子的青菜”。曾有一友几日不得菜叶子吃，气呼呼地对店家说：“实在不行，你摘几片树叶炒给我吃吃吧！”

韭菜却是南北都喜欢的一种菜，北方人用它包饺子，做韭菜盒子，南方人用来做镬气小炒，或做韭菜猪红汤，各得其妙。

春韭清香，最宜清炒。用虾干、虾米（或干贝）起镬，煎出虾油，再放点姜蒜，放入韭菜用大火炒。炒韭菜锅铲要翻得快，大概翻十几下就可以了。

有好些鲜蔬的香气都是很娇气的，比如江南的荠菜，也饱含春之气息，是一种水灵灵的清香，但一定要吃新鲜的，冰冻过的荠菜水饺，则香味尽失。而韭菜的香味却很顽强，韭菜饺子、韭菜包子，经过冰箱急冻再蒸煮，仍然香味浓郁。难怪韭菜得以走南闯北。

50.
炒蕨菜要多放肉

蕨是一种古老的植物。蕨和薇常被人相提并论，成为野菜的代表。吃过蕨菜以后，我才明白伯夷和叔齐不食周粟，采薇而食，为什么一下子就撑不住了。原来蕨菜有黏液，具有滑肠的功能。人体收支不平衡，可想而知。

但是现代人营养过剩，就得想方设法去掉一点，于是吃起“抽油”的野菜来。难得东坡早早就有此心得，玉食不享，蕨薇不弃，大概是吃东坡肉吃多了，要清清肠。

春天的蕨菜鲜嫩爽脆，有极为特殊的山野味，可以尝尝鲜。不过“抽油”要适可而止，我的经验是，清肠寡肚的，人就容易忧郁。

看那《诗经》里的《采薇》，何其忧伤。“昔我往矣，杨柳依依。今我来思，雨雪霏霏。”背井离乡去打仗，青春流逝，归来时物是人非，真是不堪回首。

所以炒蕨菜要多放肉，保留一点欲望。蕨菜常见的吃法是腌制后作为小菜，送粥下饭，也很可口。如果是新鲜蕨菜，炒之前要用清水浸一下，把黏液去掉一些，然后用沸水焯，再用盐腌过，拧干水分。这样吃起来比较爽口，吃完也不至于太清心寡欲。

51.
晴雯姐姐的蒌蒿

有太多人谈论过高鹗和曹雪芹的区别，从文字功力、角色心理、社会地位、家学渊源等方方面面做出深刻比较，哀叹红楼未完。倒是蒋勋说的有趣，他觉得红楼梦后40回的不足，只是写了太多荤菜。在前80回里，贾府出现的菜肴，都是清淡精致的，而到了高鹗手中，都成大鱼大肉了。这就是真的经历过富贵和想象中的富贵的区别。

前八十回贾府的饮食口味如何？不必看主子，看丫头就知道了。

芳官看着虾丸鸡皮汤、酒酿清蒸鸭子、胭脂鹅脯和奶油松瓤卷酥，就说："油腻腻的，谁吃这些东西。"只挑着汤泡了碗当造的"热腾腾碧荧荧蒸的绿畦香稻粳米饭"吃了。

晴雯姐姐要吃蒌蒿，厨房问是肉炒还是鸡炒，被骂了回去，"荤的因不好才另叫你炒个面筋的，少搁油才好"。

清汤粳米饭、蒌蒿炒面筋，吃的是食材的原味和季节的气息，这就叫品位。

蒌蒿长在水边，春天生出嫩芽，青翠水灵，汁液充盈，嚼起来有淡淡的青涩，是春天河水刚刚开始奔腾时所散发出来的味道。

这样清淡天然的妙品确实不宜搭配味浓油重的食材，我觉得用来炒新鲜爽口的河鲜也不错。蒌蒿炒小象拔蚌，爽脆鲜美。鲜蚌洗净去壳，用油、盐、生粉、姜丝腌一下。蒌蒿洗净切段。姜蒜起镬，爆炒蚌肉至半熟，溅点料酒，把蚌肉盛起。把锅洗净，放一点油，蒌蒿要快炒，颜色稍微变深，就加入蚌肉同炒。喜辣的可加点红辣椒，增色增味。蒌蒿还可以炒炒小虾仁、炒扇贝、炒牛肉，都是清新美味的春令菜。

蒌蒿上市的时间很短，尝鲜要抓紧。

52.
青红小菜解春困

五味之中，辣最高级，因为辣本不是味，是痛感。

没有痛感的艺术不高级，没有痛感的爱情不深刻。如果说没有痛感的味觉不诱人，似乎太牵强。但嗜辣之人都知道，辣最能醒神，最能开胃。辣味适中而鲜香突出的佳肴，是令人难忘、上瘾的。

在“春困葳蕤拥绣衾”的季节，人思睡不思食，幸有辣味能一振食欲。这不仅是口舌的“刺激”令人醒神，更因为辣味能促进血液循环，提高血液的制氧功能，让人倍感精神。而且，辣椒还含丰富的维生素，能增强人体免疫力。梅雨天病菌滋生，是考验身体抵抗力的时候，多吃辣椒，可能

会少吃药。

但广州的水土不宜吃得太辛辣，吃了易拉肚子，脸上还会长痘痘。虽然广州有清热下火的廿四味、王老吉、斑痧等传统凉茶，也不宜多喝。老人家把刚吃完煎炸或辛辣食物，立即饮凉茶“救火”的做法叫“赶鬼入赶鬼出”，这对身体是不好的。

所以在春雨绵绵胃口不佳的时节，我常做些微辣的小菜，取食随量，主菜仍以清淡为主。

豆豉炒辣椒、辣椒圈XO酱捞皮蛋、泡椒炒贡菜这几样，适合现炒现吃，下饭下粥都极开胃。豉油浸辣椒圈、辣椒干炒萝卜干、姜蓉炒珧柱火腿丝，则可装在密封小瓶里，放在冰箱中里，随时取用，拌粉面也佳。还可以带些回办公室，午饭时拿出来加餸，定令同事羡慕不已，并很自觉地与你有食同享。

辣椒干炒萝卜干。把红辣椒干切碎，把萝卜干切成粒并用清水浸10分钟，滤干水。用辣椒干起油锅，再倒入萝卜干，用慢火炒，尽量炒干萝卜干内的水分，炒到萝卜干在锅里“跳舞”，就收火。

辣椒圈XO酱捞皮蛋。皮蛋切开，青瓜切小段，辣椒切成圈，蒜头去衣，全部放在大碗中撒点白糖，再浇上麻油、豉油、白醋、XO酱，拌匀。

豆豉炒辣椒。把青红辣椒切成圈，用洗净的豆豉起油锅，再放辣椒圈略炒，收火前加点白糖炒匀。

豉油浸辣椒圈。把青红辣椒洗净、擦干水，切成辣椒圈，喜辣的保留辣椒籽，怕辣的去掉辣椒籽。把豉油煮开，再倒入玻璃瓶放凉。把辣椒圈浸入豉油中，整瓶盖好放入冰箱。辣椒浸过一晚就很入味了，可随时取用，辣椒吃完可继续添加，豉油可重复使用，且越来越好味道。

姜蓉炒瑶柱火腿丝。瑶柱用清水泡至发软，金华火腿切细。把生姜去皮，剁成姜蓉，与瑶柱火腿同炒，炒至瑶柱完全干身呈金黄色。

特别要说说的是姜蓉炒瑶柱火腿丝，风味最独特。姜有一种温柔的辣，只听说过不能吃辣椒的人，没听说过不能吃姜的人。姜辣温补，能御春寒。姜祛湿驱风，正可对付人体因“湿困”而起的“春困”。姜稍加油盐炒灼，就是美味。想想那用来蘸白切鸡的姜蓉，用来捞饭，有时比鸡本身还好味。当姜蓉再与惹味佳物瑶柱和金华火腿同炒，滋味就更不用提了。做这个小菜会用很多姜，刨出的姜皮不要扔掉，晒干蓄起，疲倦时用来煲水洗头，活血舒筋，止痒解乏，头皮软软透辣，微微发热，像有一双妙手在为你按摩。

53.
清明前的荠菜

小时候不识荠菜，只识酸荠头。每次吃五柳炸蛋，就把荠头挑来吃光。后来在市场看见荠菜，才明白荠头就是这玩意。原来酸荞头的爽脆劲不是用醋腌出来的，而是与生俱来的。

荞菜上市的时间很短，就在清明前后。扫墓后，“太公分猪肉”，分到的乳猪肉用来炒荞头，再加些大头菜、冲菜之类钓味，荤素搭配，镬气十足，是很令人垂涎的。粤语“荞”和“轿”同音，吃荞菜，有希望先人坐轿子享福的意思，是一种民间朴素的情感。

平常炒荞菜，没有乳猪，可以买点烧肉代替。或者用五花肉切片生炒，也很下饭。喜欢香浓口味的话，可以先把五花肉用卤水汁煮熟，再切片炒，会更香。卤好的五花肉用姜蒜猛火爆香，再溅点白酒，很有回锅肉的味道。

荞菜在客家还有一种吃法，就是煎荞菜饼。这是我外公的拿手菜，煎得清香松软，乡味十足。如今我老妈和几位姨也常煎荞菜饼吃。春雨一下，老妈就到市场上找荞菜，早上煎了荞菜饼做早餐，泡杯清茶“叹”半天。我们一吃荞菜饼，就会说起外公的各种掌故。其实我知道老妈是先想起外公，才会去做荞菜饼的。老妈把外公的荞菜饼改良，加入一些新鲜茄子去煎，煎出来的饼更软，味道更有层次。我也挺喜欢吃荞菜饼，可是到了女儿这一代，就宁愿吃比萨了。

54.
满城箫管尽开花

枇杷上市，胖乎乎黄澄澄，很诱人。现在的枇杷品质都很好，个大均匀，饱满多汁，让人想一想都齿颊生津。

怕酸的人不喜欢吃枇杷，因为再好的枇杷都有酸味。爱枇杷的正是喜其酸，酸得脱俗。如果用冰糖炖枇杷，酸味就大大减少。冰糖提升了枇杷的甜味，但不会损失果香。炖冰糖枇杷的方法是，枇杷去皮、去核，轻轻刮掉果肉内层的白膜，放进炖盅，铺上冰糖，加水浸过一半枇杷，隔水炖半小时。枇杷核可以另外炖，炖好封存放入冰箱。没有枇杷的季节，用冰糖枇杷核冲水喝，或者含一下，对轻微的喉痛也能缓解。

枇杷好入画，文人视为雅物。明代画家沈周爱画枇杷，也爱吃枇杷。他有一回吃过著名的白沙枇杷，激动得赋诗一首：“谁铸黄金三百丸，弹胎微湿露溥溥。从今抵鹊何消玉，更有饧浆沁齿寒。”因为知味，沈周画的枇杷，也是饱满丰盈，吹弹即破。朋友知道沈周爱枇杷，给他送来一盒鲜枇杷，信中却把枇杷错写成琵琶。沈周回信说：“承惠琵琶，开奁视之：听之无声，食之有味。”友人作诗自嘲：“枇杷不是此琵琶，只怨当年识字差。若是琵琶能结果，满城箫管尽开花。”

送人枇杷是雅事。翁同龢就多次在日记里提到有人给他送枇杷，还大大方方写明谁送的，和谁一起吃，吃完商量什么事情，倒是不避嫌。光绪十九年四月十八日（1893年6月2日），他写道：“得徐见农函，送节礼，有鲥鱼、枇杷。王新之送碧螺春八瓶、金腿四只。答见农信，夜旦达雨。”

给翁同龢送礼的大有人在。光绪十六年五月初八(1890年6月24日)，他在日记中记下：“醇邸、赵伯远、李星吾、汪柳门、孙子授、许筠庵皆赠鲜荔枝，李最多。夜闻雷。”同月廿四日（7月10日），吃货翁同龢果然吃坏了肚子。“夜雨一阵，腹泻数次，食西瓜也。”枇杷上市在前，荔枝和西瓜在后。翁同龢若晓得把枇杷核留起来炖冰糖，日含数颗，可能就不至于闹肚子了。枇杷除了润肺，还能养胃、润五脏，对调理肠胃也有一定功效。

55.
淡如白玉，滋味天然

洛阳多文物。第一次在洛阳见到铁棍淮山时，也以为是出土文物。蒸熟一尝，这东西果然有古老的滋味，朴实无华，有山野气息，耐人寻味。

此物据说能健脾润肺，是极佳的健康食物，如今热销全国。

淮山能存放一段时间，买一捆回家，平日若吃多了油腻食物，吃点淮山可以消滞。

我在洛阳吃的铁棍淮山，常常是连皮蒸熟了上桌的。客随主便，我们也跟着当地人这样吃。但感觉有点怪，总觉得是在吃文物。

回广州后买了铁棍淮山，我都削了皮才蒸煮，而且要戴着手套来削。淮山和白薯一样，黏液会弄得手痒半天，所以一定要煮透。

熟透后的淮山，口感粉香，咬到中间，还带着清甜。这种清淡的天然滋味已久违，多吃点淮山，能还原我们被添加剂毁掉的味觉。

总觉得淮山是粗粮中有小资气质的食材，可以做出秀气的美食，比如我独创的桂花蜜浸淮山。把铁棍淮山洗净削皮后切小段，隔水蒸15分钟，倒净碟中的蒸馏水。取蜜糖加入桂花，用小火煮成糖浆，浇到淮山上即可。把淮山放到保鲜盒中，用桂花蜜浸着放在冰箱，可随时取用。浸上一夜，淮山更入味。

一般更常见的是淮山玉米煲排骨。淮山洗净削皮切段备用。排骨氽水后，放入玉米、红萝卜煲汤。煲一小时后放淮山，再煲20分钟。收火，调味即可。淮山不可早放，否则会融掉，使汤变得太浓稠。

现在养生食品大行其道，洛阳铁棍淮山走红，说是滋阴壮阳，返老还童，无所不能。被吹得和《洛阳伽蓝记》中白马寺宝公和尚一样神。宝公和尚“形貌丑陋，心识通达”，能看透过去未来。有一天胡太后叫他来算命，他说：“把栗与鸡呼朱朱。”这句话要让我来解，就是做个栗子焖鸡请一个叫朱朱的人吃饭。谁知宝公说的是谶语，是指胡太后日后会被尔朱荣害死。朱朱，即二朱，谐音尔朱。厉害吧。

其实一样食物只要好吃、天然、价钱公道，就是好东西，并不用吹得太神。要是再带点故事供茶余饭后说说，就更有味了。

56.
佛手与美人手

在大观园里，探春的房内有一张花梨大理石大案，案上有个大鼎，鼎上有个紫檀架，架上放着一个官窑大盘，盘内盛着数十个娇黄玲珑的大佛手。

在我家客厅，也有一张大理石茶几，几上有个紫檀茶盘，茶盘边放着一个五彩琉璃透晶碗，碗内盛着好几块子姜。

没错，就是在市场买的，用来炒菜的子姜。子姜虽不如佛手高雅，但自有妙处。这妙处在不同的人眼中，又有不同。

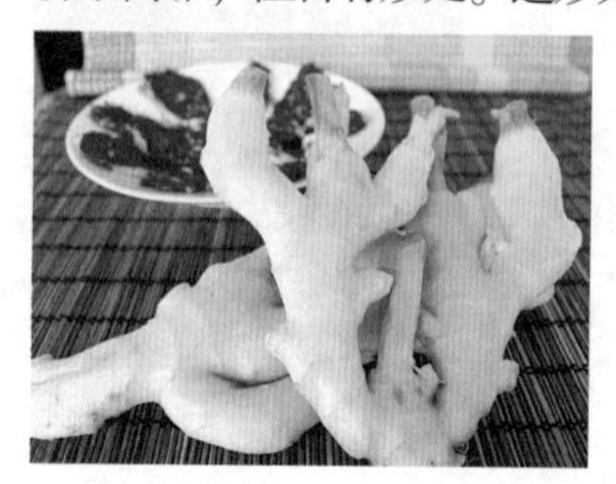

吃货苏东坡说，“先社姜芽肥胜肉”，可见他是真会吃。子姜炒鸭、炒牛肉，每每姜比肉好吃。

在忧郁的柳宗元看来，子姜是西施的手，捧着心，忧国忧民，思乡思情人。“世上悠悠不识真，姜芽尽是捧心人。”

到了那位逍遥武夷、耽花咏香的刘子翚笔下，子姜更如性感多情的美人手——“新芽肌理细，映日莹如空；恰似匀妆指，柔尖带浅红。”

子姜是真的好看。形状婉转婀娜，肉身嫩白，汁液饱满，末端一抹水灵灵的淡紫红，更是妩媚风流。

佛手是风雅之物，摆着清香暗涌，满室洁净。佛手常入

画，可惜无人画子姜。虚谷、吴昌硕、齐白石都爱画佛手。虚谷画了几样花果送给苏州的鉴中和尚，题上“老和尚清玩”，里面就有佛手。高人玩佛手，我就玩子姜。

佛手可以煲汤或煲粥，味道并不突出。我喜欢潮州凉果那种药浸佛手，酸甜生津，空口吃和泡水喝都很好，理气化痰。可是新鲜佛手不易得，我那琉璃碗就没盛过几回佛手。子姜倒容易，初夏时节，市场有的是。摆上一大碗，尽可赏玩。开饭前就拣一块到厨房炒菜。子姜做菜，微辣清爽，多汁无渣，很适合夏天的口味。

子姜和鸭肉的味道十分般配，姜能去鸭的腥臊，提升其甜美鲜嫩的口感。姜片吸了鸭肉的汁液，又更丰腴脆嫩。我觉得子姜鸭最好的吃法是把子姜和鸭肉一起放进嘴里。但是一般的把鸭斩件的做法，就很难实现鸭肉和子姜同嚼的美味。所以我喜欢把鸭子起肉切片，这样炒出来的子姜鸭，鸭肉软滑，也更入味。鸭片和姜片重重叠叠，滋味缠绕，这才是子姜鸭的极致。做法是取新鲜肉鸭半只，起肉去骨，用刀片斜斜地片成肉片，每一片都要有皮有肉。把切好的鸭肉片用油、盐、糖、胡椒粉、生粉、料酒腌半小时。子姜洗净刮皮，切成薄片，用一点点盐抓一下，可增加爽脆的口感，再冲洗干净，滤干水。蒜蓉和辣椒干起镬，放入鸭肉炒至七八成熟，再倒入子姜炒至熟透。放入葱段炒匀，溅一点豉油，就可以收火上碟。

子姜炒牛肉程序和子姜鸭差不多，可以加点菠萝，俗称紫萝牛肉，是地道粤菜，菜名甚雅。

子姜鸭、紫萝牛肉、凉拌子姜皮蛋，这几样我都常做，十分下饭。子姜皮蛋酥我也喜欢，但是自己不会做，去饮早茶时常常点。

佛手和美人手，哪样世人更爱呢？

57.
歜节之食

黄公望画完《富春山居图》后，颇为得意地题了个自跋。他在自跋上写着：“早晚得暇，当为着笔。兴之所至，不觉亹亹布置如许……至正十年，青龙在庚寅，歜（chù）节前一日大痴学人书于云间夏氏知止堂。”如果有人拍关于黄公望的电影，我建议在此处拍一篓粽子。黄公望写完自跋，环诵一番，然后心满意足地捋捋他那把道骨仙风的胡须，吃粽子去也。

为什么端午节又叫歜节呢？歜就是切碎的菖蒲，可见菖蒲是端午不可少之物。

艾草辟秽，菖蒲定神，内外兼修，万物洁净。这些风俗对于湿漉漉的端午节，如今只剩一种缥缈的乡愁了。

艾草和菖蒲都可以吃的，但菖蒲的味道不像艾草那样随和。用菖蒲煮茶或煲汤，其实是药膳的功能多于味觉。菖蒲能化痰开窍，对心悸失眠有一定好处。不过但凡药膳，心理疗法占五成。

端午时节，听着窗外赛龙舟声竞起，泡杯菖蒲茉莉茶，权当应节之享。取碎菖蒲两小颗，用清水煮开后收火。放至80度左右，用来冲泡茉莉花干和绿茶，慢慢浸泡十来分钟，就能把花香泡出来。此茶消暑提神，午睡后囫囵不醒，可喝小杯，然后看几页书。

雨多湿困，家里若有老人家睡眠不好，白天不精神，那么炖碗菖蒲瘦肉汤也不错。有这份孝心，只怕汤未喝，精神已好大半。菖蒲瘦肉汤的做法是，取碎菖蒲三五颗、生姜二片、陈皮一小片、蜜枣两颗、干瑶柱五六颗、新鲜排骨半斤，放入清水浸过材料，隔水炖一小时即可。菖蒲还可炖排骨、瘦肉、猪心等肉类。

不管是泡茶还是炖汤，只放切碎的一两片就够了，不然会有“闷”味。煲汤时放两颗蜜枣，能盖住菖蒲的药味，钓出一种雨后石涧清泉中的青苔味，倒也清新。

58.
艾草青青

艾从字形上看就很美，发音也好听，有一种笃定的温柔。

诗经里说，“彼采葛兮，一日不见，如三月兮。彼采萧

兮，一日不见，如三秋兮。彼采艾兮，一日不见，如三岁兮。”可见，思念如艾，是最为绵长的。

我向来喜欢艾的气味，有种洁净的感觉。艾草以前是用来驱蚊辟邪的，现在用途越来越多，美容、美发、医疗养生，都有各种以艾为主题的项目，价格不菲。

艾还能吃。清明至端午时节，艾草长得青青嫩嫩的，就可以吃。听老人家说，这是妇科良药。

艾草的吃法和一般的香草差不多，可以煎蛋、煎饼、煮汤。

摘几片新鲜艾叶洗净，鸡蛋两只调成蛋液，放入艾叶、油、盐，调匀。在平底锅中扫一层油，倒入蛋液慢火煎，煎至两面金黄，便香气四溢。

摘几片晒干的艾叶，洗净，加少许茶叶一起浸泡。艾叶配红茶绿茶皆可。绿茶清香解暑，艾性温补。艾草绿茶，体寒的人也能喝。艾草加一点红茶，则能泡出微甜的口感，还有点荔枝皮的香气。泡完茶后，茶渣用来敷眼睛，还能祛黑眼圈。

初夏食艾，很有新鲜感。每次只吃很少，味也很淡，但那种滋味，你会不时想起。

艾草晒干以后，还可以用来泡茶。艾特殊的香味在茶水中释放得很慢，很耐泡，有回味的余地。据说艾草茶如今在日本很流行。艾草的香味和薰衣草一样，很有性格，但又有薰衣草所没有的青草味，更有山野气息。我用艾草来配野生红茶金骏眉，入口即有高山流水之感。艾草配茉莉花茶，则大大提升了香气的层次感，令花香显得郁郁葱葱。

59.
莲藕小时候

筷子粗的小茎，色泽粉嫩淡黄，一口咬下去，脆生生，甜丝丝，汁液迸发，满口洞庭湖水的气息。这是来自洞庭湖的藕尖。藕尖，就是莲藕小时候。

藕尖长得细细长长，已具年藕的雏形，像一根根造型别致的吸管。我怀疑柳毅传书时，就是用藕尖做潜水工具，进入龙宫为三公主送家书的。

藕尖只在初夏能采摘。五月，夏荷初开，满湖花影摇曳，清香浮动，就要抓紧时间采藕尖了。一根藕尖一根藕，是很矜贵的，市场上并不多见。一年中能买到藕尖的季节，只有夏韵初至的五六月间。

夏天的云，特别洁白锦簇。湖水映着白云与荷花的倒影，云影颤颤，荷影楚楚，湖面的清风裹着荷香拂来，能叫人看痴过去。

荷叶清香，藕尖清脆，赏着荷花，来一碟荷叶蒸鱼，一碟藕尖炒肉片，夏的气息便款款而至。

如今空气不佳，城中能看云的日子并不多。能停下脚步抬头看云的人，也不多。如果你再不抓紧时间吃藕尖，简直就不知道什么叫季节了。欧阳修说："雪云乍变春云簇，渐觉年华堪送目。"看看云，赏赏荷，吃吃藕尖，便是光阴了。

60.
花开未迟，甜进心里

广东增城特有的迟菜心是菜蔬中的精品。隆冬开花，算不算迟？不要紧的，迟开的花独美，经霜的菜最甜。菜花开得这么迟，是有意的，她在等待风霜。

迟菜心又高又壮，一棵菜能煮一锅。吃不完的菜心，用绳子绑住菜梗根部，倒挂着晾起来，能放好几天。阳台上挂几棵绿油

油的迟菜心，顿时有了丰收的感觉，仿佛从远方的田园飘来了年味。

早上做碗青菜鸡汤面线，美味又营养。面线用大锅水煮熟，捞起备用。把迟菜心叶子切细，放进煮开的鸡汤里。如果没有熬鸡汤，可以用罐头清鸡汤。把煮好的面线夹进青菜鸡汤里浸透，再煎个荷包蛋，就更诱人了。

洗菜时切下来的又粗又干的菜梗，你要是扔掉，就走宝了。把菜梗的皮撕开，斜切成片，用来炒腊肉腊肠，口感爽脆，堪比芥兰，而且更清甜。

菜心的吃法，多数是姜蒜炒和清水煮。而迟菜心由于质地厚实，不易变黄，还可以蒸着吃。原汁原味，每一滴菜的汁液都不浪费。像蒸娃娃菜一样，放一点腊味或者火腿丝来蒸，别有风味。蒜头去衣切片，走油至金黄色，把炸好的蒜片和油一起浇到菜心上，大火蒸5分钟，收火浇上豉油或蚝油。简简单单，清香淋甜。尤其是菜心的部位，那种甜润的滋味会让你觉得，等待一年也是值得的。

61.
菌香有品

菌类明明是素菜，却有鱼肉海鲜之味。菌类的香味又不似肉类那么敦实，而是一种飘悬之气，细品则有，囫囵则无，故菌香有品。

李渔说菌是山川草木之气结而成形者，有形无体，故无渣滓。可见一朵好菌就是一朵山林的精气，中国人讲究秋收冬藏，此时食菌，确是益气养生之道。

松茸是君王，春秋均有，尤以秋品香气馥郁、肉质肥厚。好的松茸现在不容易吃到，都被日本人炒成了天价。他们舍得买，因为吃得少。一碗面上铺一片薄薄的松茸，就激动地浑身颤抖。要是在郊外的老树下生火烤一只松茸，慢慢吸一口那飘摇的香气，深秋特有的沧桑感就会油然而生，几乎令他们怆然泪下。

把松茸切成小块拌碟或配红酒的欧洲人，见了松茸就想念诗的日本人，看见我们用松茸涮火锅，那真叫英雄气短。

我们对食菌的认识也比较开阔，未必要昂贵，只要采摘得时，烹调得法，许多菌都能做出令人难忘的美味。四时有

菌，是天地的灵气。菌生美味，就是人的灵气了。

虫草花煲猪腱。虫草花洗净泡软，剪掉尾段。猪腱飞水洗净，加入生姜几片、蜜枣一颗，煮沸后转小火煲一小时。此汤鲜甜，只放很少的盐就可以。

茶树菇焖鸡。干茶树菇洗净泡软，剪掉尾段。鸡斩件，用油盐生粉腌一下。爆炒鸡块，炒到锅快干时，溅几滴白酒，倒入茶树菇，加一杯水，盖上锅盖，转中小火焖十分钟。掀盖后加入青红辣椒或葱段炒匀即可。

清炒牛肝菌。牛肝菌和茶树菇都是制成干货后香气更浓郁的菌类。吃之前要用温水泡软，细心洗去沙粒，再用沸水煮几分钟，以去掉菌中的毒素，并使口感更软滑。茶树菇适合炒牛肉，牛肝菌则适合清炒，这样才能最大限度地品味出那独特的沉静旷古的香味。牛肝菌鲜香突出，只放一点点盐就可以了。

62.
淡处有真味

东坡懂得吃，也自称“宁可食无肉，不可居无竹”。因其老饕和老顽童的形象，还白白被后人附会出一首“无肉令人瘦，无竹令人俗，若要不瘦且不俗，唯有竹笋焖猪肉”。但说到对竹笋的理解，还是老实巴交的杨万里说得好——“淡处当知有真味”。

鲜笋很淡，春笋就更淡了。而那种淡一被激发，就成味中珍鲜。以江浙人的话来说，就是“鲜得眉毛都掉了”。

虽然我更爱好略带苦味的冬笋，但春机勃勃之时，春笋也是不可放过的。

笋的做法有很多。炒肉、焖肉、放汤，都能做出简单美味的家常菜。

笋尖炖烧骨。取鲜笋剥壳，焯水。切下笋尖备用。烧骨切块，砂锅烧热，放点油，爆香姜蒜，放进烧骨炒香，溅两滴白酒，加入笋尖，再加清水浸过烧骨。中火煮开，转小火炖半小时。撒上葱花收火。烧骨够咸，不用再放盐。

笋片炒腊肉腊肠。把焯过水的笋块切片备用，腊肉或腊肠蒸5分钟，放凉后切片。姜蒜起镬，放入腊味炒出腊油，

放笋片爆炒，溅两滴白酒，也可加两滴豉油调色。

笋丝炒肉丝。把焯过水的笋块切丝备用。选猪前腿瘦肉，切丝，用油盐生粉腌半小时。姜蒜起镬，把肉丝炒至五成熟，放笋丝和辣椒丝。用靓豉油、生粉和一小勺白糖调个薄芡，肉丝炒熟后勾芡，收火。

用鲜笋做出来的菜式，怎么看都有个性。

小笋炒鸡蛋，是清清白白，小家碧玉。

笋片炒腊肉，极尽吸味之能事，一试便欲罢不能。

青花碗、青花勺，笋丝漂在清汤上，简直就是临水照花，幽芳自赏了。

在各式鲜笋菜式中，以上海名菜腌笃鲜最负盛名。正宗的腌笃鲜用料精挑细选，做工费时，对火候尤为讲究。那个"笃"字，我开始以为是炖的意思，后来才知是咸肉和鲜笋在砂锅中慢火炖着，发出的"笃笃"之声。据说要"笃"上一整夜，才能熬出精华。我取其要义，以鲜笋尖炖烧骨或咸猪骨。只要先把烧骨爆香，再溅白酒，熬成白汤，和笋尖"笃"上半小时，也香飘满屋了。那切掉笋尖的笋块，可以切片或切丝，做其他菜式。

腌笃鲜这个名字，使我想起粤语的"奄尖"一词。"奄尖"是极度挑剔的意思。腌肉炖笋尖，再"奄尖"的味蕾，也会被驯服的。

63.
笑语柔桑陌上来

桑叶是蚕宝宝的口粮。男耕女织，采桑女自古就代表着勤劳贤淑的中国农家女形象。“柔桑”更有一种“贫女如花只镜知”的意象。好像女孩子只要站在桑树下，自然就娴美多情了。

辛弃疾说：“谁家寒食归宁女？笑语柔桑陌上来。”一位生活美满的少妇，跃然纸上。

曹植说：“美女妖且闲，采桑歧路间。柔条纷冉冉，落叶何翩翩。”楚楚佳人，草木多情。

乐府诗里那位“采桑城南隅”的罗敷，更是芳华绝代。“行者见罗敷，下担捋髭须。少年见罗敷，脱帽著帩头。耕者忘其犁，锄者忘其锄。来归相怨怒，但坐观罗敷。”简直是老少通杀，无一漏网。

画家笔下的采桑女，也是风情万种，令人怜爱的。

清代闵贞画的采桑女，攀足石上，以竹敲桑，以篮接叶，有跃而未起之态，俏丽活泼，趣味盈盈。

民国许征白画的两位采桑女，风落衣裙，挽篓谈笑，气定神闲。

叶浅予也画过采桑女，脸色红润，体态丰美，神情满足。尤为出彩的是那双硕大而柔软的手，足以游刃有余地摘下一片片幸福的生活。

如今难见陌上桑，只有花圃里的盆中桑了。那是花农卖给养蚕的小孩玩的。夏桑油油，我也买了两盆养在阳台上，遥想罗敷。

桑叶清肝明目，消脂降压，可以采下做菜。猪肚浸鸡风味一绝，加入桑叶能去掉猪肚的膻味，别有清香。准备新鲜桑叶四五片、猪肚一只、鲜鸡半只，还有白胡椒和生姜。洗猪肚的三个步骤是：猪肚先不湿水，用生粉内外搓揉，去其黏液；用水冲净，用盐搓洗一遍；冲水后用几滴白酒搓洗一遍，再冲净即可。猪肚洗净后切小块，放入胡椒和桑叶，煲20分钟。煲猪肚时，将鸡斩件，用少许盐和生粉腌一下。猪肚转熟，下姜片，放鸡同煮，滚起后转小火浸20分钟即可。

桑叶剁肉饼，也是清新的夏令菜。桑叶莲子粥，更是消暑妙品。

64.
凉席、葵扇和大冬瓜

小时候没有空调，消暑三宝是凉席、葵扇和大冬瓜。

睡觉前用湿毛巾把凉席擦一遍，水分挥发，凉席凉飕飕的。如果是竹席就更凉了，不过有时会蹭到竹刺，半夜惊叫。

妈妈从市场买回长长的冬瓜，给我抱着睡觉。枕凉席，抱冬瓜，妈妈轻轻摇着大葵扇，没有空调，也是一夜好梦。我小时候胖乎乎的，常常穿一件绿色的睡衣，抱着冬瓜的样子很搞笑。

抱过的冬瓜就不能吃了，肉会发淤，得另外买冬瓜来煲汤。夏天常喝的是冬瓜薏米煲鸭子、土茯苓煲猪骨、清补凉煲瘦肉。有一次，外婆精心选了好些祛暑药材煲瘦肉汤。老火煲足几个钟，才发现生瘦肉还在厨房的碟子里。赶紧打开煲盖捞一下，原来刚才扔进去的，是一块样子像瘦肉的擦桌布。

外婆在厨房里的笑话有不少，还煲过一次无米粥。夏天热，不太想吃饭，桌上常有一碟腐乳，一锅白粥。有一天外公下班，外婆说："粥煲好了，自己舀吧。"外公脱了上衣，把毛巾搭在肩上，蹲下来舀了半天，只有粥水，摘下眼镜擦擦雾气再舀，舀得汗流浃背，还是只有水。这时外婆突然叫道："哎呀，我忘了放米了。"

我在阳台上乘凉，给女儿讲这些旧日的故事。女儿的笑声像晚风中的风铃。阳台上，暮色四合，暑气渐隐。

小学门口用棉被和泡沫保温的雪条车，路边摆卖的开出三角形小洞"包红"的大西瓜，漂在木澡盆里的雪条纸折的纸船，粘住我的舌头差点拔不下来的大冰块……那些没有空调的夏天，在记忆中别样清凉。

清凉是回忆时心头的微风，是黄昏讲故事时的一杯冰红茶，是为家人祛暑的每一碗汤，是让你爱的人在炎炎夏日依然开胃的每一道菜。

芫荽拌鲜菌。材料是时令鲜菌、芫荽、麻油、鲍汁或蚝油。鲜菌洗净切片，放一点姜片和盐焯熟。把鲜菌沥干水，

放凉，芫荽切成段，几样拌匀，浇上麻油、鲍汁或蚝油。

青瓜拌金针菇。材料是新鲜金针菇、小青瓜、红萝卜、麻油、盐、鸡粉。金针菇焯熟后沥干水，放凉。红萝卜和青瓜均切成丝，红萝卜丝可略汆水使其变软，与金针菇的口感更般配。几样材料放进碟中，浇上麻油、盐和鸡粉拌匀。放进冰箱稍冰冻一下再吃，金针菇会更爽脆。

凉拌生菜梗。把生菜梗切下，切成段，另取一些生菜叶子切成丝。把切好的菜梗和菜叶都洗净，菜叶用饮用水冲一下并沥干。煮一锅清水，沸腾后熄火，把生菜梗倒入热水中，立即捞起。把生菜梗放凉，用这个时间把彩色灯笼椒切成丝。几样拌匀，浇上麻油和豉油。切下来的生菜丝用来捞面或撒在热粥上都很好，青青绿绿，别有清香。

虾米姜蒜拌菠菜。材料是新鲜菠菜、虾米和姜蒜。菠菜洗净切成段，为了切得整齐，顶端的叶子可以切开另用。虾米用清水泡软，沥干，姜蒜剁成蓉。煮一锅沸水，菠菜梗一倒入即熄火，把菜梗捞起沥干。把虾米和姜蓉蒜蓉炒香，浇在菜梗上，最后浇上麻油和豉油即可

上桌，吃之前把虾米蓉和菠菜拌匀。切出来的菠菜叶子可以用来煮粉丝汤，加点榨菜，味道鲜美，消食开胃。

65.
金色池塘的涟漪

年迈的凯瑟琳·赫本对更年迈的亨利·方达说：“你仍然是我威武的骑士，永远别忘记这一点。你还会再次扬鞭跃马，我还会坐在你身后，紧紧拥抱着你，我俩一起绝尘而去。”

当我看着一个接一个落到地上，不再饱满，而在夕阳下依然泛着金光的金橘，就想起电影《金色池塘》里的这句话。这是一个有力量的电影，它温柔地讲述了一个厚重的话题——人生必须面对老去，面对孤独，面对离别。人怕不怕老，很大程度要看是否有知己相伴终老。比如，一个能和你漫步在金色池塘边，听潜鸟唱歌的人。

我还没老，但现在开始祈祷，也为时不早。我用落地的金橘做出的美食，也如金色池塘中的涟漪，泛着金子般的粼粼波光。

做菜如恋爱，贵在日复一日中的历久常新。

排骨吃多了，没什么新鲜感，用金橘焗排骨，肉中加入金橘的酸甜，十分醒胃消滞。排骨用油、盐、生粉和蛋清腌一小时，煎或炸之前再放一点砂糖把排骨拌匀，这样煎起来排骨会呈现金黄的色泽。金橘洗净切碎。排骨煎至八成熟时，把金橘倒入锅中焖焗排骨。用清水、砂糖、美极豉油和生粉调好芡汁，给排骨勾个薄芡，上碟。因为金橘比较酸，调芡汁时可以多放点糖。

用新鲜金橘来蒸仓鱼，能去鱼肉的肥腻和鱼皮的泥味。金仓鱼剖好，洗净，抹干鱼身并放在碟中，里外抹点盐。把蒜蓉、姜丝和金橘碎依次铺在鱼身上，浇上生油。水开后，隔水蒸鱼8分钟，收火后撒上芫荽，盖半分钟盖子。掀盖，浇上蒸鱼豉油。金橘那种酸酸涩涩，舌尖微痹的感觉，有点泰国菜中青柠檬加香茅的滋味，又更为清新独特。鱼有橘馨，橘有鱼鲜，吃过以后，满嘴余香。

超市里的果酱有很多口味，但一般都比较甜。自制的蜂

蜜金橘果酱，酸甜适中，清香扑鼻，吃起来满口都是果肉与葡萄干，只恨面包买得太少。自制金橘蜂蜜果酱的方法是把金橘洗净切碎，放进平底锅煮软，再加进“起沙”蜂蜜和葡萄干，煮开后收火。若蜂蜜够浓，果酱放凉后会自然凝稠。若蜂蜜不够浓，煮果酱时可加入少许薯粉或马蹄粉、藕粉、生粉开成的粉浆，令果酱变稠，且更有光泽。果酱冷却后用小瓶装好，放在冰箱，可随时取出涂面包。因为没有添加防腐剂，果酱食用时间不宜超过一周。

橘子遇到我，就算落地，也能变成美食。美人一世，若能遇到知心护心者，又何惧年华老去。

66.
一不小心就滑走

很多人都吃过鲜姬菇，但不知道它是什么味道。因为它太嫩滑了，一不小心就像猪八戒吃人参果，咕噜一下吞进了肚子里。而且鲜姬菇价格不算贵，酒楼多把它当成杂菌，与其他菌类一同炒烩。于是它低调又黯然，吃起来就更不知其然了。我不知道它为什么叫鲜姬菇，也许因为身形比较娇媚婀娜，而它的命运确实和妃嫔美姬之流很像，一旦混杂在后宫云云佳丽中，谁又识得她的滋味呢？

鲜姬菇是要独赏的，请她当主角，拉上其他材料来配她。

丝瓜的清甜和花肉的浓香，能让鲜嫩的鲜姬菇变得有镬气，简单的搭配，是下饭的佳肴。

鲜姬菇可煮鲈鱼汤。先把鲈鱼起肉，鱼肉切成“双飞”鱼片，用生粉和盐腌着，若用鸡蛋清拌过，鱼片吃起来更嫩。鱼骨和头尾煎香后溅水煮成鱼汤。鱼汤熬好后，把鱼骨捞出另点麻油豉油吃，鱼汤继续煮开，倒入鲜姬菇和鱼片煮至鱼片转熟，撒上葱花收火。鲈鱼骨少，鱼肉起片后，其嫩滑程度不输桂花鱼，而价格要低得多。鱼汤用来汆鱼片和鲜姬菇，是鲜上加鲜。

日本豆腐与鲜姬菇，互为知音，嫩滑遇爽滑，把滑的境界推向极致。鲜姬菇煮日本豆腐做法很简单。把日本豆腐连包装袋从中间切开，两头挤出豆腐，动作轻柔，不要把豆腐弄碎。把豆腐切成棋子状，一条豆腐切六块为宜。用平底锅把豆腐两面煎至金黄。倒入焯过水的鲜姬菇，焖煮5分钟，勾芡，撒入葱花收火。

鲜姬菇做成小炒，也有多种搭配。比如丝瓜花肉炒鲜姬菇，鲜姬菇洗净稍焯水，沥干。花肉切片，用盐、生粉、糖、料酒、豉油腌着。丝瓜洗净刨皮，切成块。红萝卜切成丝。姜蒜起锅，略炒丝瓜，盛起。炒花肉至八成熟，放入鲜姬菇同炒，最后倒入丝瓜炒匀。勾芡，收火。盛入碟中时以丝瓜围边。

吃鲜姬菇，我就想起日本一个喝茶的故事。一位武士在赶路，经过一片竹林，见一户人家，就上门讨口水喝。屋内的老奶奶为他沏了一杯茶，清香袅袅。武士喝完，赞叹说："奶奶，您这茶真是茶中极品，可惜茶杯里漂着一小片竹叶，是风吹进去的吧。"老奶奶说："是我故意放进去的，这样你就喝不快，才品得出茶味。"

世上的美食太多了，好多不起眼、不昂贵的小东西，一不小心就滑过我们的味觉，雁过无痕，失之交臂。不管面对什么菜肴，不妨想象上面有一片竹叶，你要避开它，慢慢品尝。当你以一颗专注和精细的心对待你的食物，它会竭尽全味，来回报你。

67.
一身碧绿洗酷暑

大暑天，一早去超市买冬瓜，居然卖完了！

这么热的天，实在不想开车去农贸市场买冬瓜。但不煲点消暑汤，又心有不甘。三伏针灸，不就是要应时而炙吗？大暑时节不煲点冬瓜水，实在让我汗颜。

小时候，每年的大暑小暑，妈都煲冬瓜。或冬瓜陈皮水鸭汤，或冬瓜荷叶猪骨汤，或冬瓜扁豆薏米水。以前没有空调，盛夏一到，妈就买一个长形的小冬瓜。每天一早搁一桶水晾凉，傍晚用这水把竹席擦三遍，等竹席上的水挥发干，竟有点冰镇凉席的效果。我就躺在席上，抱着冬瓜睡觉。身边，妈妈轻轻摇着葵扇，哼着有上句没下句的歌谣。

我一直想找一只冬瓜给女儿抱着睡。可如今市场上的冬瓜，都是切开一圈一圈的，整只的又太大，很难看见小小长长的冬瓜宝宝。

回忆完冬瓜岁月，我更不甘就此打道回府。眼睛四处转，看见了一排水瓜！水瓜是消暑佳物，水瓜干煲蜜枣，是小孩子治喉咙痛的良方。我想，新鲜水瓜功效也是一样的，而且应该更清热。在一个没有冬瓜的大暑之日，邂逅水瓜，可谓天赐良瓜。

我把新鲜水瓜洗净切成段，又找出冰箱里的一点荷叶，与蜜枣同煲。随着清水不断沸腾，水瓜的一身碧绿，不断散漾在水中，加上蜜枣的金黄，浸出一杯清润的蜜茶。温温地喝下，喉舌顿凉，心肺皆润。水瓜与蜜枣，十分和味顺口，且略有回甘。鲜水瓜比水瓜干少了点微涩，煲水有种滑滑的口感。

与冬瓜失之交臂，与水瓜不期而遇，从此，大热天除了煲冬瓜，还有更多选择。

68.
荷香缈缈饮风露

草木之香，我最喜欢的，是那种刻意闻不到，不经意又飘然而至的香，如风中的百合、雨中的桉树和水中的荷花。其中又以荷香最沁心开窍，清透缥缈，是香到几乎闻不到的一种香。我以前一直想不到贴切的辞藻来点透荷香，直到读了《红楼梦》。

《红楼梦》第八十回讲到，薛蟠娶了恶妻夏金桂，金桂看香菱不顺眼，偏要改她的名，蛮不讲理地说：“菱角花谁闻见香来着？若说菱角香了，正经那些香花放在那里？可是不通之极！”香菱道：“不独菱角花，就连荷叶莲蓬，都是有一股清香的。但他那原不是花香可比，若静日静夜或清早半夜细领略了去，那一股香比是花儿都好闻呢。就连菱角、鸡头、苇叶、芦根得了风露，那一股清香，就令人心神爽快的。”此处，脂砚斋夹批：说得出便是慧心人，何况菱卿哉？

香菱说得好，“得了风露”四字，尽得荷香之妙。且这般妙，有些人是领略不出的，如夏金桂之流。可见荷花自香，而能分人清浊。

曹雪芹点出了荷香风露之气，但真正让我从味觉上品会荷香，是始于《浮生六记》。沈三白写道：“夏月荷花初开时，晚含而晓放。芸用小纱囊撮茶叶少许，置花心。明早取出，烹天泉水泡之，香韵尤绝。”书读到这里，已满嘴清香。

林语堂说，芸娘是这样一个女人，你想和她同游太湖，看她观玩洋洋万顷的湖水，而叹天地之阔，假使她生在英国，谁不愿意陪她参观伦敦博物院，看她狂喜坠泪玩摩中世纪的彩金钞本？

芸娘就是这样一个古今中外少有的妙人。而她的百般妙处，最让我印象深刻的，便是荷香入茶了。荷花朝开夕合，把茶叶放到花苞里次日取出泡茶，茶水自有荷花的风露了。我也常常这样泡茶，看到这里，真视芸娘为知己。

每至荷开之季，我就抓紧时节泡荷香绿茶。夏天去市场买菜，常抱回一大束带荷叶和莲蓬的荷花。有时缝个精巧的小纱袋，装一小撮龙井，放进荷花中。有时图方便，直接用袋泡的绿茶包来吸荷味，泡出的茶水同样清香满漾。喝一口，如喝下一池风露，暑气顿消。

贾宝玉叫玉钏儿尝莲叶汤，尝的是风情。“小叶荷羹玉手将，诒他无味要他尝。碗边误落唇红印，便觉新添异样香。”

丰子恺的画中人剥莲子，剥的是回忆。“荷花开了，银塘悄悄，新凉早。碧翅蜻蜓多少？六六水窗通，扇底微风。记得那人同坐，纤手剥莲蓬。”

我泡荷香绿茶，浸出的是一家人消暑的清凉。

荷香入茶是苏州芸娘的小心思，而荷香入菜，在粤菜中素来就有，荷叶蒸鸡就是经典。剪下半张荷叶，把鸡块用油、盐、生抽、糖、生粉腌过，平摊在荷叶上，为防鸡汁渗出荷叶流失，可比平时蒸鸡时略多放些生粉。在鸡块上撒下浸软的红枣，可添色添香，荷叶取其清，不宜再加香菇。用

牙签缝合荷叶四边，包裹起鸡块，待水开后隔水蒸10分钟即可。因荷叶阻挡了蒸气，需要比平时蒸鸡多些时间，但鸡肉不失嫩滑。

荷叶也可以蒸排骨。买回新鲜排骨，最好是带软骨部分的“西施骨”，用油、盐、生粉、糖腌过，平铺在荷叶上。可切一些红萝卜丝，放在排骨中间，这样即使把荷叶包得很紧，蒸气在排骨之中还是有空隙的，容易熟，荷香也更易渗透，荷叶翠绿，萝卜橙红，卖相也佳。用牙签缝合荷叶后隔水蒸10分钟。

荷香之清香，能去肉腥。我还做过一道荷叶熏鱼。买回新鲜福寿鱼或白鲫鱼一条，宰后洗净并擦干水，鱼身内外抹上盐。用平底锅慢火把鱼煎熟。把煎好的鱼放在荷叶上，用牙签将荷叶四周缝合。把荷叶包裹好的鱼放进干锅，用蒸架托起，不放水，盖上锅盖，打开小火慢熏。当锅盖开始冒出白烟，锅底发出轻微的“滋滋”声，即收火，继续盖着盖子，待烟尽散去，揭盖取出，荷香已被熏进鱼身内。

把“风露”酿进鱼肉中，自是别有风味的。荷叶熏鱼是借鉴了泰国菜的蕉叶烤鱼，我琢磨着做出来的。沧浪亭的芸娘既能神游伦敦博物院，那我改良一下泰国菜，也不奇怪。

69.
杨梅带雨最堪怜

杨梅上市的时间很短，但只要一想起，就双颊发酸，如两丝电流直达耳根，口舌生津，欲罢不能。

现在的杨梅质量都很好，十来二十颗一小盒，浑圆饱满，下面垫着桑叶。我有时一次能吃两盒。

杨梅的酸有特殊的木香味，和甜味互不相掩，它不属于“酸尽甜来”，而是酸甜并济，夹道欢迎你的味蕾。我吃杨梅，最喜“净吃”，一颗接一颗。而杨梅对于多数人而言是偏酸的，只能略尝一下。

杨梅是夏日的恩物，能生津解渴、排郁消食、涤胃解酒。我把杨梅做成几款饮料，以蜂蜜、酸奶等材料稍微中和其酸，让杨梅变得更风味宜人，风情万种。

蜂蜜杨梅汁和海底椰杨梅冰露，光看着就觉清凉透心。蜂蜜杨梅汁的做法是，把新鲜杨梅用淡盐水泡 5 分钟，冲洗干净，用滤网压出汁，调蜜糖水喝。海底椰杨梅冰露，打开罐头蜂蜜海底椰，舀出一些海底椰和蜜汁置于杯底。加入矿泉水和冰块拌匀，加入洗净的杨梅若干颗，先喝冰露、吃海底椰，最后吃杨梅。杨梅已被蜜糖水浸甜，且通体冰凉，醒神解渴。

汪曾祺有一幅画，画着两簇杨梅，题词为："昆明杨梅色如炽炭，名火炭梅，味极甜浓。雨季常有苗族小女孩叫卖，声音娇柔。"

杨梅带雨最堪怜，是诗意的图画。而雨后卖杨梅的小女孩，比那酸酸的杨梅，更让人怜爱。

70.
似花非花，沉香妙曼

我以前不知道紫苏长什么样子，但总觉得紫苏是很优雅的，名字好听，而味道，总和月色关联。小时候，每年必吃紫苏的一天，就是中秋节。一家人坐在天台上，仰望皓月当空，吃着紫苏炒田螺。老人家说，小孩对着月光吃田螺，眼睛就会很明亮。我虽然不知这种说法有什么依据，但还是一个接一个不停地吮田螺，吮到嘴唇直到第二天都有变长了收不回来的感觉。只因实在太爱紫苏的味道。

食物和人一样，是有绝配天成的。有些食物少了或变了一种味道，倒不如不吃。如绿豆沙眷恋臭草，田螺迷醉紫苏。我后来吃过各种各样的螺肉，什么辣酒花螺，酱爆海螺，都不如紫苏炒田螺那般滋味悠长。有时候找不到紫苏，我就用蒜头豆豉辣椒酱炒田螺。吃的人大赞，而我自己却仍怅怅，总觉得那是因为他们未尝过紫苏的味道。

后来真正欣赏起紫苏的样子，竟是在日本餐厅。有着浓浓乡土味的紫苏，如今在日本餐厅摇身一变风情万种。一片紫红的叶子，似花非花。边缘呈细密的齿形，叶面有着细细的绒毛，十分精致地铺在薄薄的鱼生底下。让人吃完了鱼生，还忍不住把叶子托在手上，向着榻榻米上油油的灯光细细把玩观赏，如赏奇花。凑到鼻子上一闻，才恍然大悟，这是紫苏啊，炒田螺用的紫苏啊！

紫苏的香味，是独一无二的，一尝不忘。紫苏之香略沉，舔一舔，香味要缓一缓才从舌尖散发出来。但它的沉香，又并不厚实，而是摇曳的、迂回的。如果香气的提升能画成一条曲线，紫苏的线条，一定是袅袅婀娜，妙曼多姿的。

紫苏除了香，还很有益。在味觉上能祛腥，功效上可发汗，消痰，解伤风头痛。可能是越来越多人知道了紫苏的好处，近来市场上常见有捆成一小束的紫苏卖，五毛钱一束，能吃两顿。我常帮衬的那个卖紫苏的阿婆，每次把紫苏递给我之前，都忍不住再闻一下手中的紫苏，赞一句："瞧，我种的紫苏，香喷喷！"

紫苏炒田螺是一道小吃，留着赏月时吃最有味。平时，可以把紫苏做成菜，鱼肉皆宜。

紫苏鸭子是我改良的一道菜。我在一个农庄吃过一道焖鸭，鸭肉焖得烂烂的，放了紫苏，很美味。但焖鸭很肥腻，不耐吃。而且但凡焖肉，要一大锅才香。回到家里要是焖这样一道菜，不知要吃多久。所以我把鸭肉去骨切片，用紫苏炒。这样既保留了紫苏和鸭肉的和味，又更清爽消食。切鸭

肉的时候注意不要把皮和肉完全分开，这样炒起来才嫩。鸭骨不要扔掉，抹上盐腌着，可以用来煲陈皮鸭骨粥或鸭骨芥菜汤。摘下新鲜紫苏叶子，洗净。葱洗净，切成段。起油锅爆香姜、蒜，炒鸭片至七八成熟，倒入紫苏叶继续炒，鸭肉熟透后加入葱段略炒。

紫苏排骨香味扑鼻，是一道下酒佳肴。把新鲜排骨用油盐生粉腌着，生粉只放很少就可以，不然煎的时候会粘锅。把紫苏叶剁碎，把辣椒切成圈，备用。用慢火把排骨煎至金黄，倒入紫苏碎炒匀，待排骨熟透，倒入辣椒圈略炒即可。上桌后，碎紫苏零乱地沾在排骨上，令排骨平添妩媚。咬一口，妙香入骨。

紫苏黄骨鱼汤也是我偷师的一道菜。我在餐厅喝过一种鱼汤，放了罗勒叶子来煮，别有清香。罗勒是洋名，就是潮州人说的“金不换”，叶形和香味都和紫苏很像，但紫苏的香型更有层次感。我把“金不换”用紫苏来换，选了肉滑味鲜的黄骨鱼来做汤。把新鲜黄骨鱼切成段，擦干水，用慢火略煎，溅几滴白酒，加入清水和姜片煮成鱼汤。等汤烧开，转到砂锅中继续煮至奶白色，加入新鲜紫苏叶，调味，收火。我以前常做黄骨鱼芫荽豆腐汤，把最后一道程序改成放紫苏，就大功告成了。鱼汤鲜香突出，而且，能在齿颊留香很久很久。

71.
玉洁冰清的白玉苦瓜

台湾美食离不开夜市小吃。逛高雄六合夜市，见到的不仅是游客，还有很多本地的年轻人，三三两两，边走边吃，或坐下喝酒小聚。食街不长，而地道美食琳琅满目，只恨眼睛太馋、肚皮太窄。广州美食如此精彩，为何就没有这样一条有人情味的食街呢？广州的传统美食全都“入室经营”了，看着堂皇，吃着变味。连小情侣的拍拖成本也大大提高。一个城市没有平民食街，好多年轻人都拍不起拖了。我看着六合夜市中分吃一只猪手、同喝一杯木瓜奶的情侣，觉得高雄人真有福。

夜市里的小吃店都很简陋，四个轮子推出一个老字号，养活几代人。但这些平民小吃给人的感觉是传统，而非廉价。这里随随便便一家小店，招牌上都可能有名人政客的签名。街尾那家著名的木瓜牛奶店，任何时候都有人排队。透过排队的人群望去，乍一看以为遇到了马英九。细看，原来是马英九的大照片立在那里，举着拳头做出勇于奋进的手势，好像木瓜奶是台湾的未来。

台湾水果丰富，他们特别爱把各种水果做出果汁和果汁奶。因为

喝了木瓜奶，当我看见白玉苦瓜汁时，便停下脚步思想斗争了一阵子，略感怅然。白玉苦瓜，多美的名字，多晶莹的色泽，可是我已经喝不下了。

白玉苦瓜是台湾特有的品种，淡绿淡绿的，不太苦，比较适合生吃和做成果汁。它那冰清玉洁的样子，仿佛看一眼都消暑。台湾湿热，大热天喝杯冰冻白玉苦瓜汁，定是透心凉的。

在高雄夜市冷饮店看到的苦瓜汁，有加蜜糖的，有加各种果汁的。我比较喜欢苦瓜雪梨汁，用雪梨的清润包裹着苦瓜的清冽，真正舒心润喉。在台湾没喝成，回广州后在市场看见有卖，立即买来解馋。白玉苦瓜一个，对半切开，挖囊、洗净，切成小块。雪梨削皮去心后切成小块。两样材料放入榨汁机，加一瓶矿泉水或蒸馏水，开始榨汁。榨汁完成后，用滤网滤渣，在苦瓜汁中加一点蜂蜜，拌匀后放进冰箱，随时取出饮用。

白玉苦瓜的名字不知是谁起的，听起来很像台北故宫里的翠玉白菜。翠玉白菜是故宫里最受民众喜爱的国宝之一，它的形象在故宫各种工艺品里使用得最多。大家喜欢翠玉白菜，是因为这件珍宝巧夺天工，还有美好寓意。这颗玉石雕刻成的白菜，是清光绪皇帝的妃子瑾妃的嫁妆。白菜代表女儿清白，白菜上那只独具匠心的螽斯虫，民间俗称纺织娘，有极强的生殖能力，寄托了多子多福的祈愿。

女子有大家闺秀和小家碧玉之分，在翠玉白菜这里，就合二为一了。大家出身，更显碧玉之德。聪明的工匠没有把这块美玉雕刻成其他更具“神仙”气质的东西，而是雕出了一棵白菜。这个可亲的形象，令翠玉白菜千古可爱，哪怕它的主子一直失宠。

越民间，越有生命力。把珍贵的宝物做出亲切的形象，把简单的材料做成绝妙的美食，同样是一种智慧。马英九和台湾小吃店的老板，都有这种智慧。

72.
水果入菜不能貌合神离

夏日水果缤纷，水果菜是比较时髦的吃法。但不少酒家的水果菜，都是徒具形式，水果只是做个样子摆在旁边而已。水果与食材，未能融为一体，起到互相“钓味”的作用。

貌合神离，是不会有好滋味的。水果入菜，也要讲缘分。

一种水果，怎样才能找到它的知己，奋不顾身融入其中，做到你中有我我中有你呢？一靠缘分，二靠调动，三靠激发。找对了，入口就知。

菠萝、芒果这类热带水果，可配牛肉、猪肚，其中的酶能令肉类口感嫩滑。用菠萝汁或木瓜汁腌肉，肉质依然爽韧。用嫩肉粉的话，肉质就比较“木”。芒果炒牛柳的做法是牛柳切丝，用油、盐、生粉、蒜蓉腌过。芒果可选

不太熟的，炒起来更爽口。芒果入菜，以水仙芒为上乘。把芒果切成长条备用。芒果皮上沾着的肉和汁不要浪费，刮到牛肉上面，把牛肉拌匀，有助于分解纤维，使牛肉更嫩滑。姜蒜起镬，把牛柳炒熟，喜辣的可放点红辣椒，最后倒入芒果，炒匀收火。

喜欢吃爽脆口感的，可以选择蜜瓜炒鸡块。鸡半只切成鸡块，用油、盐、生粉腌着。蜜瓜切成小块或用小勺子挖成球状。为使口感丰富，可备些新鲜百合或莲子。把鸡块和莲子炒熟，加几滴靓豉油钓味，最后加入蜜瓜炒匀，收火。

荔枝与鸡味是很“夹”的，最经典的就是荔枝木烧鸡。吃一口鸡肉，闭上眼睛细细地寻，能品到鸡肉内有淡淡的荔枝味。在家里很难起明火来烧鸡，更没有荔枝木。不妨改良为荔枝焗鸡。鸡整只或半只，用盐抹匀，把鸡在热锅滚一滚，使表皮金黄。取新鲜荔枝肉塞到鸡肚子里，把鸡放进电饭锅里焗熟。掀盖后把鸡夹出，锅底的汁液偏甜，不要浇到鸡肉上，可另外用碗盛起，随意蘸着吃。由于电饭锅密封得好，荔枝香得很浓厚，不用“细细地寻”，简直就是扑面而来的。

近水楼食单

卷四 点心单

心有灵犀一点通，一道点心，就是一个暗示。

73.
榴莲酥，异香美食的入门

“我妈妈真奇怪，怎么会喜欢吃榴莲。”

“我爸爸才怪呢，爱吃臭豆腐，可臭了。”

“你们这算什么，我嬷嬷钟意吃腊鸭屁股！”

这是几个小孩坐在学校门口等家长时的对话。大人的“逐臭”饮食，小孩确实很难理解。大人尝过太多滋味，正常的甜酸苦辣，已不能满足发育过度的味蕾。

有人爱煎散黄鸡蛋，有人山珍海味不吃，就好一口霉香咸鱼，有人为发霉发到花纹状的蓝芝士而发狂……至于接近泔水的老北京豆汁儿，带着牛屎半成品和牛胆汁的云南傣族萨皮，则实在要有过人的勇气才能品尝了。东莞驰名美食麻涌鱼包，用鲮鱼肉打至起胶，擀薄为皮，包住瘦肉、腊肉、鲜虾，透明鲜美。把鱼包用鱼汤灼熟，汤里再漂几片青菜，据说是“鲜掉眉毛”。不过，现在的鱼包是改良过的“普及版”，据当地的食家介绍，以往最地道的麻涌鱼包用的不是普通腊肉，而是腊鸭屁股，就是要取其“骚”。

比起这些另类的美食，榴莲算是最健康的，起码新鲜。

在电影《榴莲飘飘》里，榴莲是古怪新事物的象征。诧异，怀疑，好奇，掩鼻初尝，慢慢回味……吃榴莲的过程，几乎代表了传统与现代、贫穷与富有、城市与乡村在时代发展的洪流中相互对照、相互融合的过程。影片中买榴莲给女儿过生日的那个老爸说："这是果王，闻着臭，吃着香。"这确实是榴莲的特征，可也不完全对。因为当你吃过第一次，再闻起来时，也是香的。

现在吃榴莲的人越来越多了。我有个嗜吃榴莲的同学，以前买了榴莲回家就站在阳台上吃。后来在她的调教下，全家人都爱吃了。可见口味是可以培养的。她的经验是先教他们吃榴莲酥、榴莲班戟、榴莲雪糕，吃着吃着就鼓起勇气直奔主题，光吃榴莲肉了。

榴莲分干包湿包，"初学者"比较容易接受干包，口感清爽些。等吃上了瘾，就会嫌干包"靥靥地"，没有意思。榴莲贵在浓郁腴滑，要想清爽，就别吃榴莲啊！

榴莲是所有"异香"食材的入门，而榴莲酥，就是榴莲的入门。

自制榴莲酥，可以比酒家的更足料。随时想吃就做，一点也不难。难的在于酥皮，如果自制的话，要用低筋面粉加牛油反复搓揉至起筋，然后擀得薄薄透明，几层叠起来，放进冰箱冰过夜再拿出来用。这可是个力气活！想简单快捷，起酥效果又好的话，建议网购酥皮。可同时买回班戟粉和雪糕粉，参照包装上的说明做榴莲班戟和榴莲雪糕。做榴莲酥用剩的酥皮，可以盖在小汤鼎上，焗酥皮汤。

我买的酥皮是正方形的，一张可以对半切成两张用。取榴莲果肉，用勺子压成泥，加一点牛油拌匀。把馅料卷进酥皮中。两边开口捏紧，卷皮的收口向下。在卷皮表面轻轻横

切两刀，防止酥皮在焗的过程中爆开“露馅”，而且焗出来有点纹路也比较好看。

如果家里有焗炉，就把包好的榴莲酥扫上一层蛋液，放进焗炉，以200度焗15分钟。

如果没有焗炉，可以把包好的榴莲酥放进电饭锅，按煮饭挡。完成后取出，扫上一层蛋液，再放进微波炉用烧烤挡烤5分钟。

想多花心思的，可以把酥皮包成各种可爱形状，或者在酥皮表面嵌上几颗黑芝麻点缀。其实简简单单也很好。因为当皮酥馅香的榴莲酥出炉时，你是顾不得欣赏形状的。

74.
近水梅发，春来雪消

看了《近水楼食单》，太会做菜了。吃多了怎么办？就要请出消滞妙品，新会特产橘普茶。

普洱消滞，陈皮理气，两者结合，茶色沉静，口感甘厚，气味醇香。我说的不是简单地把普洱和陈皮泡在一起，而是一种经过特殊工艺制作的茶种。取原只保留果形的广东陈皮，把云南普洱塞到陈皮里一起发酵。陈皮的甘冽之味大大提升了普洱的“陈年”口感。冲泡的时候掰下一小块，连

陈皮带茶叶用沸水冲焗一分钟。浅饮有木香，热热流至咽喉，合眼闭气，樟香迂回而上，在鼻腔萦回不已。

橘普茶能喝，也能入菜。用来烹肉，比普通的陈皮更能去腻，也能钓出肉香。做陈皮鸭、陈皮鸡翅、陈皮牛腩，放一小块橘普茶，滋味不凡，其甘香有品格。

橘普茶名声不大，广东以外很少人知道。为什么广东陈皮和云南普洱会有此奇缘？这得归功于广东清代著名画家罗天池。

岭南名士罗天池是广东新会良溪村人，书画俱精，更长于收藏鉴赏，与黎二樵、谢里甫、张墨池并称清代广东四大家。新会良溪村古称冈州荫底，位于圭峰山下，郁郁葱葱，秀润有灵，历代学人辈出。罗天池号六湖，因罗家旧宅“有浅渚六，深冬不竭，名六湖”。罗天池于道光六年中进士，开始当官。道光二十三年，罗天池出任云南按察使司。

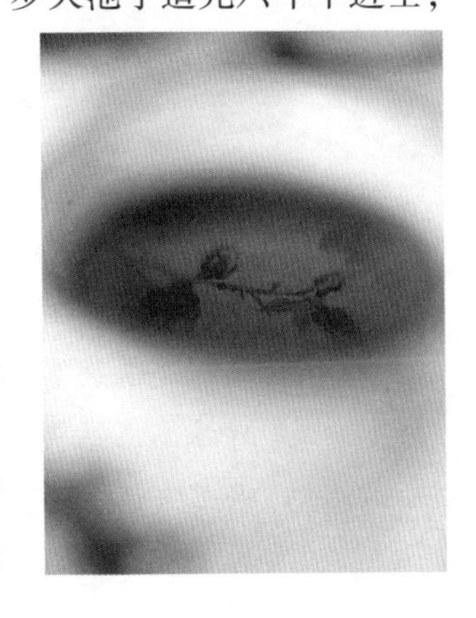

到云南当官的罗天池，想必思乡情浓，常常想搞点陈皮来煲汤。陈皮鸭肾煲西洋菜，真是朝廷命官也不换。也许是他用老家的方法在云南自制了陈皮，也许是他回家探亲的时候带了些陈皮去，反正不知怎么捣鼓，就捣鼓出了一种陈皮普洱茶。一喝，绝配，妙品！

这罗天池除了是个画家，看来还是个美食家，不过他绝对不是个成功的政治家。关于他为官的功过，历史上就颇有争议。罗天池在云南上任后两年，当地就发生了著名的“永昌惨案”。事件始于云南永昌回民反抗清朝的统治，纷纷起义。清政府允许地方办团练镇压起义。罗天池主张刑用重典，对回民的治理十分严厉，而对汉人犯错却时有轻罚，引起回民的不满。终于双方冲突愈演愈烈，官兵屠城，回民死伤惨重。“永昌惨案”后，罗天池不但没有落马，云贵总督贺长龄反而认为他平叛有功，给予嘉奖。这一来，回民群情激奋，不断到京城上访。朝廷迫于压力，不得不撤换贺长龄，命林则徐查办“永昌惨案”。罗天池被革职，永不叙用。

罗天池黯然返乡，除了郁愤与愧疚的复杂心情，还带回了他伟大的发明，陈皮普洱茶。

罗天池一生酷爱梅花，其书斋就曾命名为“铁梅轩”和“修梅仙馆”。回乡赋闲，品茶画梅，何尝不是又一天地？六湖有诗云：“不知近水梅花发，疑是春来雪未消。”人生之美，总在懵懂中绽开。他的好朋友，晚清书法大家何绍基曾为他书写林和靖梅花诗以喻其志：

山人爱梅本天性，为两三朵百千回。
酒痕茶角尽闲事，日问梅花开未开。
何来诗草三十首，妙语绎绎春风催。
客路飘蓬果何事，想当游橹沿江淮。
是时孤山未结屋，已觉尘世不在怀。
广平或可语心事，彭泽相与忘形骸。

75.
林语堂的请柬

我的几个闺中好友常在一起讲饮讲食，咸淡不一，各有所好。近日我讲起自己做蛋糕和酸奶，大家的兴趣竟高度一致。

酸奶做法简单，一学就会，大家还发展出不同的口味，互相交流。这种小圈子的求知欲与成就感，实在是烹饪的一大乐趣。

吃不是简单的进食，而是一个从谈论、想象、期待、品尝到回味的过程，每一步都充满愉悦。林语堂说："如果人们不愿意就饮食问题进行讨论和交换看法，他们就不可能去发展一个民族的技艺。学习怎样吃的第一个要求是先就这个问题聊聊天。"林语堂认为对待吃的态度，能够决定是否把烹饪提高到艺术的境界上来。中国人会吃，更善于在吃的问题上津津乐道。他还举了两个例子，说中国人是这样写请柬的：

> 吾侄从镇江带来了一些清醋和一只老尤家的正宗南京板鸭。
>
> 转瞬六月将尽，君再不来，就要等到明年五月才能吃到鲥鱼了。

虽然我没考证出这两个请柬是否真有所本，但依然觉得很真实，很亲切。

《翁同龢日记》里记录了他请客吃鲥鱼的事。光绪十九年癸巳四月十七日（1893年6月1日），张荫桓送了翁同龢一条鲥鱼，附一封信问几件关于京师国库的事情。翁同龢回信致谢，并怪自己家的厨子厨艺不佳，糟蹋了鲥鱼。他们的信函往来，都是先说鲥鱼，再谈国家大事。第二天，即四月十八日（1893年6月2日），翁同龢请好朋友徐、孙二公来吃鲥鱼。古人尚礼，请客都要下帖子的。这徐孙二人，均是朝廷官员，也和翁同龢一样乃状元出身，往来自不会失礼数。我相信，翁大人写请柬邀徐大人和孙大人来吃鱼时，也必风雅有致。一个人办闲事的从容，往往与办正事的气魄是成正比的。那顿饭他们吃得很高兴，“谈至暮”。吃完饭没多久，又有人送来枇杷、碧螺春、金腿等物。看来这翁大人可是吃名在外。

汪曾祺小说《金冬心》也合理编撰了袁枚写给金冬心的一封信。金才子托袁才子卖灯，袁才子不但不帮忙，反而叫金才子帮他卖书，并写了封信说：“金陵人只解吃鸭月肃，光天白日，尚无目识字画，安能于光烛影中别其媸妍耶？”

可见，自古就最能拿饮食来说事。既体面，又风雅，说多了还能提高全民烹饪水准。现在我的女友们酸奶做得比我还好，居然能掌握发酵的时间控制奶液的浓稠度。

家庭酸奶的做法有两种。首选是买台酸奶机，参照说明。

第二种是把三至四盒250mL的纯牛奶和一小盒原味酸奶装进容器里混合。用电饭锅煮小半锅水，煮开后倒掉一半，稍放凉。把装有混合奶的容器放进锅里，盖好盖子，用湿布把煮饭出气口堵住。几个小时后，也可以享用到新鲜酸奶了。

其实酸奶发酵的原理很简单，只要有合适的温度，有足够的发酵时间，操作过程干净卫生，就可以自制酸奶。一般来说，把鲜奶和酸奶混合后，密封好，在保持恒温40摄氏度左右的环境中静置七八个小时，就能做出很好的酸奶。

酸奶除了好喝，还有一些妙用。

吃多了生蒜有口气，怎么刷牙也不管用。这时可以喝点酸奶，马上就压下去了。

脸上很干又有黑头，用点酸奶洗洗脸按摩一下，马上就红润了。在厨房收拾鱼肉，手沾了腥味洗不掉，又急着涂指甲油上街，怎么办？用点酸奶洗洗手就行。当然，这两种用法，都属于比较腐败。

喝了酒后喝点酸奶，可以解酒。不过这只是让肠胃舒服些，不等于可以蒙蔽酒精测试仪，切记！

如果在家自己做酸奶，可以大大降低酸奶的成本，怎么用也不心疼了。关键是，自己做的酸奶比买回来的新鲜得多，能真正品味出浓郁香滑的牛奶香味。自制酸奶比较浓稠，吃起来特别柔软，有一种美酒挂喉的感觉，每一口都似有浓情蜜意包裹住味蕾，回味无穷。

我的一个老同学说周末带她女儿来我家弹琴，问我是上午来还是下午来好。我给她回了一封邮件说："如果你早上十点来，我烤的蛋糕刚刚出炉。如果你下午三点来，我做的酸奶冰冻得恰到好处。至于水果沙拉和玫瑰花茶，则全日供应。"

那老同学后来一直在附近四处找房子，要做我的邻居。

76.
哲学家和美食家

台湾的餐馆经常在餐后送上一些小点心。我在高雄一家客家菜馆吃过一种芒果布丁，入口即有满满的新鲜滋味在舌上散开，正欲细品，布丁已融化，而齿颊留香，令人难忘。忙问那店员布丁是怎么做的，她说诀窍是芒果要新鲜，切出果肉后要熬煮过，汁液才会浓稠和香滑。

回家后，我也参照此法经常自制布丁。买回鱼胶粉或布丁粉，把新鲜芒果肉切成粒。清水煮开，加入布丁粉。若是做浓香型布丁，则把芒果肉加入同煮，并不停搅拌，使果肉融化，冷却后加点鲜奶。若做清爽型布丁，则待煮好的布丁浆液稍冷却后，加入果肉，使果肉保持形状，吃起来口感丰富。把煮好的布丁倒进模具或小碗中，放置冰箱冷却，凝固后即可食用。

我至今仍常常想起台湾的芒果布丁，想起那种新鲜的口感，想起店员神气的口吻："只有我们台湾本地的芒果，才能做出这个味道!"

台湾人确实值得为水果自豪。品种丰富，质量上乘，说

这里是水果王国一点也不夸张。街上、公路上，都有许多水果铺子，可以论斤买，也可以买切好的，或者叫店家现切。在台湾旅游的时候，我们不时停车，买几只水果，或在车上解渴，或带回酒店细品，每一种都好吃。自己吃了，恨不得请别人吃，别人也急着找人分享他发现的美味，色彩缤纷的水果成了夏日旅途一大魅力。

品尝水果，能让人最直接地吃到自然的味道，从而锻炼出敏感的味觉。难怪台湾盛产美食家。

看蒋勋的《孤独六讲》，他提到一个哲学系的同学。同学断言，台湾不会产生哲学家。因为台湾的气候太湿热，而任何热带的地方都不会有哲学。因为温暖的气候会使身体的感官太发达，而模糊了理性的思考。虽然有人把印度的佛学归类为哲学，但佛学是不可思、不可议的，恰恰与逻辑论证、辩证思考的哲学大相径庭。这位语出惊人的哲学系学生为了成为真正的哲学家，还买了一个很贵的除湿机，在宿舍日夜开着。可惜哲学家的理想，最终也未能战胜天气庸俗的困扰，他后来当了一个生意人。

我想这位同学是立错志向了，他应该成为美食家的。能体会到温度与湿度对感官的影响的人，必是一位触觉敏感的天才。热，无助于归纳思想，却有助于解放人性。这位天赋异秉的台湾学生，当年若是少读哲学，多吃水果，今日也许会成为难得的美食家。而一个懂得味在咸酸之外的美食家，未必不会成为哲学家。

77.
茄汁意粉与广东豉油

意粉是欧洲人的主食，对于我们只能当作偶尔调剂的“零食”。老外对我们的河粉、米粉能变出众多口味十分折服。镬气炒粉、上汤汤粉、笼仔蒸粉、砂锅啫啫粉……炒中又分干炒湿炒，汤又分清汤浓汤，材料上荤素搭配，令人叹为观止，眼花缭乱。老外的意粉虽然也能做出茄汁肉酱、白汁海鲜、白汁蘑菇、芝士烟肉几种口味，但也不外如此。最有创意的，不过是刚煮好的意粉里埋个生蛋黄，浇上一层芝士酱，利用意粉的余温把蛋黄捂一捂，再拌匀了吃。白的黄的混在一起，有点像油画的颜料。

意大利餐厅给我印象最好的是，餐前用来蘸面包的橄榄油很香，餐前酒有种恰到好处的微醺，还有服务生很帅。至于意大利面，则循规蹈矩、大致可口而已。再堂皇的意粉，我总觉得作为“正餐”是吃不饱的。如果再点一份海鲜汤或牛扒，又太多了。如果多点几样几人分吃，那不又成了中餐的吃法吗？到头来还是杯盘狼藉，优雅不起来。

所以我喜欢把意粉做成早餐，因为烹饪简单，适合早上的快节奏。而且色彩鲜艳，能开胃醒神。煮意粉的分量和时间都很好掌握，煮好了，一家人随量而取，随吃随取。意粉煮好后，放置十来分钟再吃也不要紧，不像我们广东的碱水面，对口感极为苛刻，要吃时才下汤，即煮即吃。

意粉做早餐，选茄汁肉酱比白汁海鲜更适宜。白汁比较稠，茄汁则比较清爽。

用较宽口的汤锅烧开大半锅水，放两小勺盐，再放入意粉。盐水可以煮出意粉中特有的小麦香味。各种意粉煮的时间不一样，请参照包装上的说明。煮意粉不必像煮广东面条那样“过冷河”，保留一点略稠的面汤，更有利于与酱汁混合。利用煮意粉的时间，把新鲜番茄切碎，用平底锅炒软。炒的时候最好用橄榄油再加点牛油，可以增加酱汁的黏滑。番茄炒熟后加入自制的肉酱或罐头意粉酱。酱汁不必煮得太稠，因为放凉后会越放越稠，所以要留点“余地”。意粉煮软煮透后，夹到平底锅的酱汁中，再煮两分钟。这个步骤，能使意粉更充分吸收酱汁的味道，浑然一体。熄火后，把意粉夹到碟中，在意粉中间或上面铺一块即食芝士片，把锅中的酱汁重复浇上去，让酱汁把芝士融化，渗进意粉中。

自制肉酱当然比罐头的好，其实也不复杂。头天晚上可备点肉末，用油盐生粉捞一下，然后炒香，放进冰箱。第二天早上切一个新鲜番茄，和肉末一起煮开，勾个薄芡，就是美味的茄汁肉酱了。如果不够时间，可以选

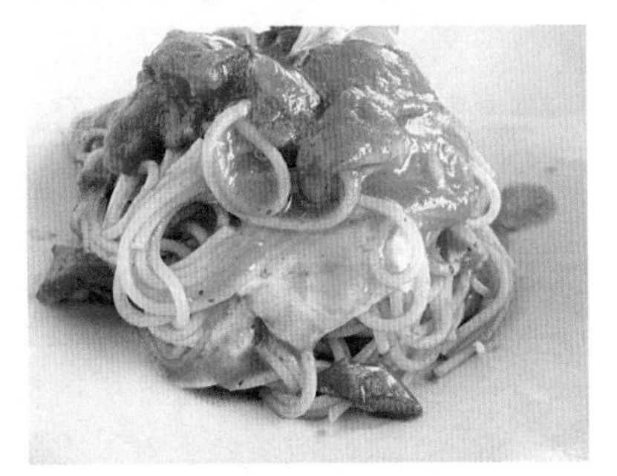

取罐装的香草意粉酱、蘑菇意粉酱、蒜香意粉酱等，加入切碎的番茄煮匀也很好。我的经验是，酱底可以自制，也可以用罐头，但番茄一定要新鲜，煮出来的酱汁才有光泽，才能把牵牵绊绊的意粉拌得“天衣无缝”。

煮茄汁也好，煮咖喱也好，收火前加两滴广东的靓酱油，酱汁的厚度与美味会大大提升，这恐怕是老外没有发现的。

78.
有灵性的蜜仁

蜜仁这个名字是我取的，市场上是找不到的。事实上，这种食物还没有名字，都不知叫它什么好。以蜜仁称呼，有两层意思。

一是取其简称，因为它是“大树菠萝蜜的果仁”；二是因为它吃起来又粉又香，口感很像栗子。栗子是有营养又有“好意头”的食物，在北方一些地区，新婚之夜要把栗子缝在被角，让新娘子掏出来吃掉，寓意早日“立子”。所以这种长得像栗子的食物，也应该有个吉利而甜蜜的名字，当叫蜜仁。

菠萝蜜是种口味很重的水果，盛产于气候炎热的地方。以前每到湛江出差，都要买个菠萝蜜回来。湛江的朋友还交代：“车上要把菠萝蜜放好，不要把脚踩上去，不然就会返生，全部不能吃，这玩意是有灵性的！”

菠萝蜜和榴莲都是浓香的食物，榴莲口感软滑，而菠萝蜜胜在爽口，尤其是冰冻过再吃，更为爽甜。榴莲在广州满街都是，菠萝蜜则不易找。榴莲个头小，拎一只回家一晚上就吃完了。菠萝蜜硕大，剖开也费工夫，那些黏性极高的黏丝更是纠缠。湛江朋友告知一个诀窍，手上和刀上沾了菠萝蜜的黏丝，不要用水洗，用塑料袋来沾，来来回回沾几下，就弄干净了。我试过，这办法很灵。但菠萝蜜毕竟不是什么高级水果，又笨重，吃起来又麻烦，所以问津者少。

湛江人开菠萝蜜是一把好手。拿把小刀，对菠萝蜜端详片刻，经纬各挑一下，用手轻轻一掰，随着那悦耳的“喇”声，菠萝蜜发出如遇知音的一声叹息，一颗颗黄灿灿的果肉赫然在目，蜜香满屋。他们还把果肉里包着的果仁取出来，用盐水煮了吃，说是能益气生津。我这才知道“盐水蜜仁”能变废为宝，且风味独特。

现在广州的一些超市也有菠萝蜜卖。果肉已取出，分好一小碟，用保鲜纸包好，干干净净，免去黏丝的纠结，也不怕吃不完浪费。当然，这样一来，风味也大减，不过好过没得吃，聊以解馋。

正因为菠萝蜜不常见，蜜仁就更不能浪费。

我以糖炒栗子的灵感，做了盐焗蜜仁。把蜜仁洗净，风干或擦干，用粗粒的海盐、八角、香叶一起炒。不用放油，小火慢煸。炒至蜜仁裂开口，色泽金黄。收火盖上盖子，让海盐的余热把蜜仁继续焗入味。吃的时候剥开那层“衣”就可以了。这可是可口的零食，边看书看电视边吃，很有滋味。

我又以栗子焖鸡的方法，做了蜜仁焖鸭。鸭肉性凉，正好中和。蜜仁洗净备用。陈皮一小片浸软备用。鸭肉斩件，

用油盐生粉腌半小时。姜蒜起镬，爆炒鸭肉，溅点白酒。放入陈皮丝和蜜仁，加点高汤或清水，转小火焖20分钟。勾个薄芡，撒上葱花收火。

蜜仁除了好吃，还可以在请客吃饭时玩猜谜游戏。把蜜仁香喷喷地端上桌，大概很少人会猜到这又粉又香的“小鹅卵石”是什么东西。直到饭后从冰箱取出金黄的果肉，谜底才揭开。

79.
“易境而食”的滋味

人有时要有点“难受”，才能领会不同寻常的妙处。很累的时候，有酣眠之美。很热的时候，清凉不是触觉，而是快感。很冷的时候，身心对温度的熨帖就特别敏感。

大冷天里，捧着蒸得热腾腾的甘蔗嚼着。甜在嘴里，暖在手心。这是小时候冬天里的美好记忆。

可以热吃的水果还有椰子。椰子炖鸡，滋补暖身。

木瓜则适合炖成甜品。木

瓜的香味很有个性，但脾气却很大众化，和谁都炖得来，绝不嫌贫爱富。木瓜炖燕窝，乃养颜佳品。木瓜炖无花果，口感也毫不逊色，滋润美白的功效亦不减。哪怕只是简简单单的木瓜炖冰糖，在寒冷的日子里吃上一碗，也甜甜蜜蜜，暖意融融。

若是在热天，同样的材料，就做成冷饮了。中国人最懂得这种“易境而食”的享受，对冰与火的运用都达到很高的境界。

中国从周朝开始就掌握了冬天储存冰块的方法，留到酷暑时供贵族享用。“竹深留客处，荷净纳凉时。公子调冰水，佳人雪藕丝。”这是何等香艳的盛夏。十年前泰国电影《晚娘》以“冰块擦身”的海报标榜艳情。中国人一看，这有啥稀奇的，隋炀帝一千多年前就玩过了。“入夏，帝烦躁……置冰盘于前，俾帝日夕朝望之……诸院美人，各市冰为盘，以望行幸。京师冰为之踊贵，藏冰之家，皆获千金。”至于诸院美人是如何使用冰块的，细节不展述。反正皇帝都是自制力比较差的，那风雅的宋徽宗就因夏天吃冷饮太多而拉肚子，御医用冰水煎药，以冰治冰，治好了贪吃的皇帝。

古人对火的研究，则更臻化境。桑柴火炖肉易烂，能解毒；稻穗火煮饭能安人神魄，达五脏六腑；松柴火不宜煮茶，煮饭则能壮筋骨；炭火宜煎茶，味醇而茶色不浊；竹火宜煎药，主滋补……那个以饭勺治国的伊尹，讲起煮食之火就更有一番大道理了，其精髓就是火能调和“阴阳之化、四时之数”。

这对我们来说有点玄，其实就是水果生冷，冬天不妨热着吃。寒风呼呼，爱吃水果的人不必“望果兴叹”，有了这些热吃水果的方法，就能吃出分外温暖的冬天的味道。

80.
多买点冰糖柑

现在超市里不时看见冰糖柑，用精致的网袋装着，一袋十余个，袋口贴上产地标签，有了品牌。

这是湖南麻阳的特产，一种长得像橙子的柑，汁多肉嫩，清甜无渣，非常好吃。看见久违的冰糖柑，我高兴地买了两袋。它能出现在广州的超市，看来是做出名气了。当地种果树的农民，日子过得好些了吧？

我第一次吃冰糖柑，是1998年。我来到湖南麻阳，采访一个冷血杀手的成长故事。令我意外的是，那个在广东犯案累累、手段残忍的凶手，在他们村里却颇有声望。村里很多人家都受过他的接济，很多年轻人希望跟他出来“做世界”。这里土地贫瘠，生计艰难。当地人说，一顶草帽就能盖住一块地。那一年，当地人均年收入是280余元。

贫穷并不能为凶手减轻罪恶，但能引发更多的思考。他们为什么会这样穷，还会穷多久？以后该怎么办？离开麻阳的时候，当地公安局的通讯员带了些冰糖柑来送行。他尴尬地说实在没什么好东西，冰糖柑还不错，是别处没有的。那时甚至没有箱子，通讯员找了个湖南妇女背孩子的那种背篓，让我背着一篓冰糖柑坐火车回来。路上口渴，我剥开青青黄黄、其貌不扬的冰糖柑，才知是果中佳品。入口时酸酸甜甜的冰凉滋味，至今不忘。

回来后不久，有一次在电视上看见朱镕基视察一个农业基地，说："麻阳的冰糖柑不错，可以发展。"我听了很高兴，看来以后不到麻阳，也能吃到冰糖柑了。

如今在超市买到的冰糖柑，还是那么清甜，果皮似乎更光滑了，大概经过了改良。经过网袋的包装，既不失乡土味，又上了档次。我希望能常常买到冰糖柑，也介绍了很多朋友买。销路越好，果农的日子就越好。

冰糖柑的皮很薄，用温水略浸软，一剥就剥下来了。一片片放到嘴里，每次吃两三个都觉得不够。秋冬干燥，把冰糖柑果汁榨出来喝，也很清润怡神。还有冰糖柑皮炖蛋，口味清新，也令人惊喜。做法是把冰糖柑对半横切，挖出果肉，果皮留着。把挖出的果肉挤出果汁。取新鲜鸡蛋打成蛋液，加入果汁搅匀。把蛋液浇到碗状的冰糖柑皮中，隔水蒸5分钟。蒸蛋前记得先把锅里的水烧开，水沸后才放入果皮鸡蛋。

81.
留住一碗热汤面

我对苏州面食很早就神往了。逯耀东的文章写道：“早几年有朋友回苏州，问我要点什么，我请他代我吃碗虾蟹面。朋友回来歉然，说他跑遍了苏州竟吃不到虾蟹面。”

逯先生的美食散文，屡屡把面写得出神入化。

> 每天早晨，许多拉车和卖菜的，都各端一碗，蹲在街边廊下，低着头扒食。我早晨上学走到这里，把钱交给依靠柜台、穿着苏州传统蓝布大围裙的胖老板，他接过钱向身后那个大竹筒里一塞，回头向里一摆手，接着堂倌拖长了嗓子对厨子一吆喝。不一会儿面就送到面前。我端着面碗走到门外来，捡个空隙把书包放在地上，就蹲下扒食起来。
>
> 那的确是一碗很美的面，褐色的汤中浮着丝丝银白色的面条。面条四周飘散着青白相间的蒜花，面上覆盖着一块寸多厚半肥半瘦的焖肉，肉已冻凝，红白相间层次分明。吃时先将面翻到上面，让肉在汤里泡着。等面吃完，肥肉已化尽溶于汤汁之中，和汤喝下，汤腴腴的咸里带甜。然后再舔舔嘴唇，把碗交还。走到廊外，太阳已爬过古老的屋脊，照在街上颗颗光亮的鹅卵石上，这真是个美丽的早晨。

拉车和卖菜的”早餐都能吃上焖肉面，可见姑苏真是富饶的好地方。逯耀东是从前苏州县太爷的二少爷，但娘不许他乱花钱，所以也是吃焖肉面。

在面馆里，有钱人喜欢吃三虾面。“初夏子虾（肚里有虾子的虾）上市之时，以虾仁、虾子、虾脑烹爆的三虾面，虾子与虾脑红艳，虾仁白里透红似脂肪球，面用白汤，现爆的三虾浇头覆于银丝面之上，别说吃了，看起来就令人垂涎欲滴。”

此后逯先生离乡背井终老，而苏州面令他梦牵魂绕，“那滋味常在舌尖打转”。

虾蟹面和焖肉面，我在苏州都没有吃到。只好每每捧读逯耀东的文字，读得口舌生津。

在逯耀东眼中，苏州真正的美食家是周瘦鹃，“陆文夫尚能得其二三遗韵”。

再看周瘦鹃的《紫兰忆语》，可知周确是知情知味的性情中人。他的《鸭话》写道：

> 我爱鸭实在爱鸡之上，往年在上海时，常吃香酥鸭，在苏州时常吃母油鸭，不用说那是席上之珍。而20多年前在扬州吃过的烂鸭鱼翅，入口而化，以后却不可复再，思之垂涎；亡妻凤君在世时，善制八宝鸭，可称美味。现在虽能仿制，但举箸辛酸，难餍口复了。

周瘦鹃是沪上著名文人、美食家，也是苏州盆景大家。如逯耀东所言，他“是现代文学发展过程中，新旧转变的过渡人物，但他仍然保持着传统文人的生活情趣”。然而世界翻天覆地，人的“保持”是那么无力。1968年，周瘦鹃用半生心血栽培的盆景被红卫兵尽毁，他投井自尽。

幸亏还有个陆文夫。逯耀东说：“这种风雅遗韵是数百年的文化积累，已经是船过水无痕了。如果说周瘦鹃是苏州文人生活最后一人，那么，陆文夫的《美食家》为这种文人生活品位留下一幅夕阳残照。”

当逯耀东在苏州见到陆文夫时，陆文夫正在病中。他们谈起苏州菜，陆文夫神色黯然。陆文夫感叹“世道变得太快，没有什么可吃了”，如今赴宴，吃的都是杯子盘子。他不甘苏州美食式微，曾经营了一家“老苏州饭店”。饭店原由女儿经营，而女儿竟早于他过世了。

两岸两位美食家分别时，陆文夫手扶廊壁送逯耀东出门。“门外骄阳正毒，我回首看他站在廊下的阴影里，向我们挥手，身影显得落寞，孤独，甚至有些微苍凉。……如今，姑苏菜式已逐渐式微，美食家陆文夫竟随风而逝了。”

再如今，连逯耀东先生也不在了。前年底，三联书店出版了逯耀东的遗著《抑郁与超越——司马迁与汉武帝时代》，这是他毕生研究《史记》所得的精髓。我专门买了一本，放在他的美食笔记旁。

逯耀东去上海城隍庙吃葱油面后，感叹道还是自己家里做的“火腿开洋葱油焖面”好吃，“不可相提并论”。我从苏州回来，也决定自己做焖肉面和虾蟹面。苏州面结构大同小异，出彩之处在浇头。只要做好浇头，煮面还难得倒“面面俱到”的广州主妇？我还偷梁换柱，用潮州面线代替了银丝挂面，更软、更韧性、更入味。

家里比较常做的是菠菜卤肉面。用卤水汁焖好五花肉和鸡蛋备用。煮面要沸水下面，汤要宽，用筷子把面搅散，加点油盐，这样煮出来的面才够“醒”。煮过面条的水可以用来焯菠菜，菜能保持青绿。碗中先盛半碗热鸡汤，把面条和菠菜放进汤碗里，把卤肉、卤蛋和卤水汁一起浇在面上。芦笋虾蟹面的做法也是先煮面后浇头。虾仁、蟹腿肉和芦笋炒熟，勾个芡，浇在面上。吃时拌匀，汤鲜面软，口感丰富。

82.
冰雪佳人踏月来

冰皮月饼刚做出来时有点软，也不够透亮，有点“没长开”的样子。非要冰冻够了才好吃，清爽柔韧，入口一激灵。因她本是冰雪之躯，需冰雪以养其慧气。

做冰皮月饼需要购买专用的冰皮粉。冰皮粉按说明兑上纯净水，慢慢搅拌，分几次加入随粉配送的白油，搅至面皮光滑，无颗粒，有光泽。面皮用保鲜纸封好，放进冰箱“睡

一觉”，养足精神。一小时后把面皮取出，最好用手搓几下，以增强韧性。我做的冰皮月饼和坊间的相比，饼皮比较厚，但更有弹性，口感“烟烟韧韧”。把冰皮分成小团，按扁，包入豆蓉，封好口，滚成圆球，放进饼模中造型，取出。把月饼放进饼托盖好，放进冰箱，随时食用。因为完全不含防腐剂，所以不要放太久，两三天就要吃完。

饼皮粉极为细腻，搅拌后如凝脂。为了掌握准确的手感，并使面皮更有韧性，我取走搅拌的勺子，洗净双手来搓面皮。搓好以后，发现双手嫩滑无比，如“温泉水滑洗凝脂”一般。原来冰雪之慧气，也能养人。我决定找天再买点冰皮粉，做个面膜。

冰雪从来都和佳人有缘。

东坡那么大气，可遇见美人，就堕落在回文诗的小游戏中。“手红冰碗藕。藕碗冰红手。”“雪花飞暖融香颊。颊香融暖飞花雪。”可以想见，他盯着人家的香颊和玉手，简直是色眯眯的。

一讲到冰雪佳人，连杜甫也不矜持了。“落日放船好，轻风生浪迟。竹深留客处，荷静纳凉时。公子调冰水，佳人雪藕丝。片云头上黑，应是雨催诗。”这样轻丽的句子对于深刻的老杜来说，也算艳词了。

冰雪佳人漂洋过海，就成了格林童话里的白雪公主。

我把做冰皮月饼剩下的豆蓉做了些皮薄馅滑的潮式月饼。放一点红糖搓面皮，烤好了月饼，用火枪稍微喷一下表皮，就成了脆皮。两款月饼在一起，冰火轮回，很有回文诗的趣味。

回文诗概无深远意境，多宜品茶赏月时添兴。丰子恺见过一个日本人的茶壶，壶上镌有回文诗，令他念念不忘。那诗是“明月 晓河 澄雪 皎波”，从任一字读起，不论顺时针还是逆时针读，都可成一首四言诗。

我更感兴趣的是丰子恺父亲的酒壶。他在《琐记》中写道：“先君爱饮酒，家有一回肠壶。此壶用紫铜制造，内部有九曲回肠，上通漏斗，下达出口。壶内盛沸水。饮酒时将冷酒倾入漏斗，酒通过沸热之回肠而从口中流出，以杯承之，即得温酒，立刻可饮。冬日酒兴到时，等待烫酒则少兴，用此壶则立办。此昔人雅事，今也则无。”

83.
上言加餐食，下言长相忆

> 青青河畔草，绵绵思远道。远道不可思，宿昔梦见之。梦见在我傍，忽觉在他乡。他乡各异县，辗转不相见。枯桑知天风，海水知天寒。入门各自媚，谁肯相为言。客从远方来，遗我双鲤鱼。呼儿烹鲤鱼，中有尺素书。长跪读素书，书中意何如。上言加餐食，下言长相忆。

这是《汉乐府·饮马长城窟行》，描写思念的佳作。当我

把月饼做成鱼形，心里就默念着这些句子。

现在大家都不喜欢太甜的食物，怕腻，怕不健康，但月饼的甜是能够被“原谅”的。一种代表团圆的点心，当然可以理直气壮地甜。月饼的浓甜，是亲情的浓缩，让你只咬一小口，就能存放很久，以备孤独之时稀释。

但只有甜是不够的。思念是一种有弹性的距离，越拉越韧。如果月饼不仅香甜，口感还能做到“烟烟韧韧”，会不会更让人留恋呢？明月当空，良辰美景，也能更长久地萦绕心间吧。

于是，我在饼馅中加了糯米，使得月饼更香滑软糯，一试难忘。用这种方法，月饼倒模时也更易成形，可谓一举两得。若把糯心月饼做成双鱼，送给心上人，简直就是一道爱情魔法。“上言加餐食，下言长相忆”，不言而喻的深情，加上糯米的“黏性”，黏上谁都跑不掉。

当然，食物魔法的真谛，归根结底还在于味道。糯心月饼，怎样才能做到甜而不腻呢？想想每年中秋赏月，都少不了各色水果小吃，广州人最看重的是一壶好茶。茶可消腻，是月饼的良伴。茶亦清心，是月色的知己。我就用了消滞妙品普洱茶水来搓面皮，做出来的月饼，带着淡淡的茶香，转甜为甘，耐人寻味。饼馅可以用红豆、绿豆、莲子等，煮至绵软，加入糯米粉搓成饼馅，不需另外加水，若饼馅太稀软，饼难成形。把馅料包进面皮，搓圆，按进饼模中，轻敲饼模倒出小饼。隔水蒸饼10分钟，放凉后涂上蛋液，放进微波炉用烧烤挡叮5分钟，可使饼色鲜亮，饼香醇厚。

佳肴鲜果供语笑，清茶明月话平生。这样的影画，又可慰藉一年的阴晴圆缺了。

84.
借一抹西湖的月光

我送你一个雷峰塔影，
满天稠密的黑云与白云；
我送你一个雷峰塔顶，
明月泻影在眠熟的波心。

深深的黑夜，依依的塔影，
团团的月彩，纤纤的波鳞——
假如你我荡一支无遮的小艇，
假如你我创一个完全的梦境！

——徐志摩《月下雷峰影片》

我对徐志摩的诗最初的印象，是几乎所有少女都读过的那些句子，低头的温柔像水莲花，挥挥衣袖作别西天的云彩，柔美得一塌糊涂。

后来看《人间四月天》，觉得那是一个忧郁而懦弱的男人，只有灵魂深处的疯狂是闪光的，那点疯狂一旦平静，人也就黯然无光了。

再后来看黄永玉的《沿着塞纳河到翡冷翠》，他对徐志摩的评价是——“他的极限功绩是为一些有名的地方取了令人赞叹的好名字，如‘康桥’‘香榭丽舍’‘枫丹白露’‘翡冷翠’……他让读者眼睁睁地倾听一个在巴黎生活的大少爷宣述典雅的感受。”我觉得这种评价有趣极了，虽不能说很贴切，但还是令志摩少爷多才而浪漫的形象打了点折扣。

直到看《往事并不如烟》，章诒和笔下的储安平，倒挽回了徐志摩的形象分。储安平是怎样的男子呢？“面白，身修，美丰仪。”他有多浪漫呢？且看他的诗：

说我和她没干系，
原不过像两片落叶，
今天偶尔吹在一起，
谁保得明朝不要分离；
犯着去打听人家的细底？
但你说奇不，她到东或西，
像太阳的昏暗月亮的缺，
总是那般的使我，
比自己的事更关切，更留意。
说，这是自己的愿，不是勉强，
帮她的忙，为她提只箱；

或者问一问天会不会下雨，
路上有没有风浪。
但要是她真的说出了这话：
“谢谢你，用不着先生——
这样关切，这样忙，”
怕我又会像挨近了绝崖般，
一万分的失神，一万分的慌张。

这个倜傥才子储安平，做过一件事情，装了一袋西湖的桃花，寄给徐志摩。这是怎样不可思议的浪漫？配得起他这件礼物的人，又该是怎样的绝代才子啊！

这些都是书上看来的，是浅浅的雅兴。而我对徐志摩好感的最终升华，是在某一年的中秋。云山赏月之时，朋友们围着我亲手做的鱼形私房月饼，举杯邀月。一位君子，突然面向满月，轻声念起了《月下雷峰影片》。月光流泻在他的睫毛上，嘴唇上，声音如在云中传来，又如在每个人的心底发出。诗念完，所有人都醉了。

从此，徐志摩的名字被月色凝结了。每见月圆，我都想起《月下雷峰影片》。这是让人心醉的梦境，又是因欲醉不能，每每让人心碎的梦境。

时间过得真快，朋友念徐诗的声音犹在耳畔，转眼又到“开炉”做私房月饼的时候了。以往做月饼工程浩大，把家里弄成了饼铺。冰皮月饼就简单一些。冰皮月饼最难解决的是那层皮。既要易于成型，又要柔软透明。在思索该用什么材料做月饼皮时，我怀疑自己被徐志摩灵魂附体了。他告诉我，要把西湖的月光，做进月饼里。

我打开壁橱，取出一袋西湖藕粉，心里十分肯定，就是它！我还找出一罐西湖的桂花。没人从西湖给我寄过桃花，桂花也不错。

自制月饼，最大的缺点是皮厚，解决的办法，就是把饼皮也做得好吃。用藕粉、糯米粉和蜜糖做成的面皮，入口有韧性，微甜清香，细细品味，仿佛触摸到西湖的月色，仿佛闻到湖面的清风。

藕粉冰皮月饼的材料有糯米粉、西湖藕粉和脱壳绿豆。把糯米粉和西湖藕粉按2∶1混合，加点蜜糖，和成面团，一开始水不要放多，不够再一点一点加，使面团尽量柔软又不粘手。把面团蒸熟，放凉。用小锅把脱壳绿豆煮软，不要放太多水，以豆煮软后刚刚吸干水为宜，收火前加入砂糖拌匀。用饭勺把绿豆按成绿豆泥，不要按得太匀，留一点颗粒，口感更好。准备些桂花和玫瑰花干，把花瓣加到绿豆泥中，使饼馅的香味和色彩更有层次。把藕粉面团搓成一个个小丸子，按扁，包进绿豆馅，搓圆，按进饼模中，倒出，放进碟中。把做好的冰皮月饼放进冰箱稍冻一下，吃起来凉凉的，更突出绿豆和藕粉的清香。

后来我还把绿豆馅改良了，不完全煮绵烂，看起来仍像

一颗颗圆润的珍珠，吃起来更有咀嚼的口感和乐趣。把桂花和玫瑰花干的花瓣撒进绿豆饼馅，这样的灵感，大概也算一首婉约诗吧？

85.
柚蜜·蜜诱

中秋时节，柚子飘香。柚子不是什么珍稀的水果，但很讲究品质，好的不易得。品质不好的柚子，又干又淡，像吃冷饭。好柚子则酸酸甜甜，水分充足，最妙的是那种“痹痹地”的口感，齿颊生津，醒胃消滞。

老广州人吃完柚子，是不会扔掉柚子皮的。把柚皮在火上烤一烤，再用刀刮一刮，就可以用来做菜。柚皮焖鱼肠，两样不值钱的东西做成美味的家常菜，可谓穷人的恩物。稍微奢侈一点，柚皮焖火腩，就更为“惹味”了。

可是柚皮入菜，工序有点麻烦，现在很少有人做了。我在超市买过一种韩国的罐装柚蜜果酱，倒是很受启发。这种果酱能用来涂面包，也能泡水喝，里面有柚皮的清香，口感不错，缺点就是太甜了。后来我就自己做柚蜜，放入更多的柚皮，用蜂场买的新鲜蜂蜜腌制，柚香更为突出。秋冬时节，用温水冲上一杯柚子蜜茶，真是润心润肺。自制柚子蜜的做法是薄薄地切下柚子皮最外层青绿部位，用沸水汆一下，捞起沥干。把柚皮切成细丝，放进微波炉小火叮3分钟。放凉后，盛进玻璃瓶中，倒入蜂蜜。最好是在蜂场买的那种比较浓稠的“起沙蜂蜜”。盖好瓶盖，放进冰箱，食时取用。

制好的柚子蜜可以做柚蜜紫心番薯。紫心番薯洗净去皮，切成片。不要切太薄，越粉的番薯水分越少，太薄的话一蒸就碎。把番薯片放进锅中隔水蒸10分钟，也可用保鲜膜包住，用微波炉中火叮5分钟。浇上柚子蜜就能上桌。

还可以做柚蜜莲藕片。莲藕洗净切薄片，隔水蒸10分钟。放凉后浇上柚子蜜，就是十分清爽开胃的餐前小吃。

除了做菜做甜品，柚子皮还有其他功用。柚皮的吸味效果很好，放在冰箱、壁橱里，能吸除异味。以前老人家还说，用柚子叶煲水洗澡能避邪，如果找不到柚子叶，放点柚皮也行。柚子叶和柚子皮煲过的水，有种特殊的香味，洗过以后，皮肤清香洁白，简直有做过 SPA 的功效。神清气爽，人自然健旺。

小时候过中秋节，外公把柚子皮用针线缝起来，挂在筷子上，里面放蜡烛，做成柚子灯给我玩。那可比老外的复活节南瓜灯漂亮多了。

关于柚子皮，我还有一个得意之作，就是看汪曾祺文章学来的柚皮钵子。他的祖母把柚皮风干，用来舀米，用了一辈子。我稍稍改良了一下，把柚皮的边缘切出点花边，就更好看了。

86.
寂静的绚丽

清少纳言在《枕草子》里写道："有些事物是图胜于物的，如松树、秋野、山乡、山路、鹤和鹿。"这些精妙的感悟，和中国文化是相通的。讲得出这样的话，她不愧为白居易的粉丝。

日本人对意象的迷恋，似乎更执着于意境。对于清少纳言来说，什么是"令人难忘的事"呢？是"竹帘下亮着灯"，和"夜已深沉，屋里传来把棋子装进棋盒的声音"。最有情节感的，也不过是"漫游在五月的山乡，车将艾蒿压碎了，当车轮转到上端、贴近身旁时，一股香气袭来，十分开怀"。

读这样的文字，和吃寿司是一样的。很新鲜，也有点滋味，可就是吃不饱。

也许他们追求的就是这种半饱的感觉。不管是艺术还是饮食，日本人的"留白"，比中国人有过之而无不及。我们讲究什么言尽意远、意在笔墨之上、味在咸酸之外,等等，他们竟更清淡，不管写诗还是做菜，好像是弄个“构图”，意思一下就可以了。

最经典的，当然是松尾芭蕉的名句：

“闲寂古池旁，青蛙跳进水中央，扑通一声响。”

没了。

这青蛙扑通好在哪里呢？好在扑通之后，万籁寂静，比扑通之前更静。

日本人佩服得五体投地，直呼松尾芭蕉为“俳圣”。我倒是很怀疑芭蕉先生是否读过咱们南朝诗人王籍那脍炙人口的绝句。可是，语言是有抗译性的，没准日本人还觉得“蝉噪林逾静，鸟鸣山更幽”太直白了，还不如他们的青蛙一扑通。

理解了俳句，就理解了寿司。点到即止的口感，意犹未尽的鲜味，念念不忘的色彩，也是一道可偶尔轻轻领略的美食。

这样简单的食物，其实在家就可以做的，不用去日本餐厅等位。

基本材料：专用的寿司紫菜、卷寿司用的竹片、日本珍珠米（或东北圆米）。填充材料可以是水果、瓜蔬、鸡蛋、海鲜等。把米饭煮熟，放凉，拌一点日本米醋，也可用苹果醋代替。把紫菜铺在竹片上，米饭和各种材料铺在紫菜上，小心包紧卷起来，竹片卷一格，退一格，始终留出尾部。把卷好的紫菜卷横切开，就是一个个可爱的寿司了。刀要锋

利，切的时候用手稍微按住寿司以佐力，才能切得好看。如果做海虾寿司，可以在紫菜里面卷进青瓜和鸡蛋，切好寿司后，最后才放上海虾。

听说日本是没有女厨师做寿司的，因为女人的手温暖，不适合做寿司。可是他们为什么又把鱼生放到“女体盛”上面呢？不想了，喝杯清酒算了。

87.
日暖风轻春睡足

东坡咏海棠，借来喻早春的草莓，再恰当不过了。“日暖风轻春睡足”，而草莓红艳艳的情怀，只是海棠诗的前半阕，没有后面陡然急下的孤芳。

草莓是果中之性感尤物，馥郁香甜，柔软多汁。其独特的香味在第一口时最浓郁。多吃，就没有了。

做草莓酱，不能用榨汁机搅，要用手切，还不要切得太碎，留下草莓子那种磕磕碰碰的惊喜。

草莓洗净，擦干水，备一些蜂蜜。把草莓切成粒，浇上蜂蜜煮开，加点生粉，拌匀，收火，就是自制的草莓酱了。冷却后装瓶，放冰箱保存。草莓酱可以用来涂面包、蘸饼干，满口新鲜柔滑的滋味。

草莓还可以泡酒。把草莓洗净切开，要沥干水，不然会影响酒质。把草莓粒细心地塞到瓶子里。倒满青梅酒，或白葡萄酒。“朱唇得酒晕生脸，翠袖卷纱红映肉。”把酒放进冰箱，取出时冰肌玉质，最适合一个人看书时享用。

泡草莓酒，不用泡太久，让酒有一点点青涩感，酸酸甜甜，旋着草莓少艾的记忆。

88.
换你一醉

你在路上
走过来，

又走过去。

我用花香，
换你的诧异。

你在树下
走过来，
又走过去。

我用炽热，
换你的迟疑。

你在雨中
走过来，
又走过去。

我用一跃，
换你的怜惜。

酒香在风中
摇过来，
又摇过去。

我用红颜，
换你的沉醉。

红蒲桃青梅酒做法：

1. 把红蒲桃洗净，用盐水浸泡20分钟，以防有杀虫药残余，再用饮用水冲净；

2. 把蒲桃切成细长小块；

3. 装一点在小碟中，冰冻一下，吃之前撒点白糖或话梅汁，就是一道清甜爽脆的小甜点；

4. 用来浸酒的蒲桃肉，要放置在滤网晾晾，尽量沥干水；

5. 把果肉塞到酒瓶中，注入青梅酒，密封好，放进冰箱；

6. 两天后取出，即可饮用，颜色瑰丽，气味芬芳，味道酸甜，加冰块口感更佳。

89.

粽有滋味在心头

有些食物，我们一年到头吃不上几次，可一到了那个节日，就有一点点想吃的感觉。这就是节日的气氛、记忆的乡愁。有很多节日的感觉，都是靠食物来包裹的。

我小时候看过一个讲水乡故事的香港电视长剧，里面有一个情节，至今记忆犹新。一位老人因家乡战乱，辗转客乡营生，他弥留之际说想吃杨桃。家人都穷，但仍是想方设法凑了钱，到水果铺买了个大杨桃。老人咬了一口，流着泪说："唉，不是小时候乡下的杨桃味啊！"这一幕让我十分震撼，使我知道味觉的记忆会穿越时空，伴随一个人终老。

从此，我小心地品尝每一样食物，希望记住"小时候"的味道。后来，当我看到汪曾祺写的高邮咸蛋，看到丰子恺画的"樱桃豌豆分儿女，草草春风又一年"，看到齐白石画的美酒螃蟹，这种震撼一次又一次地袭来。味觉对记忆的黏附，是如此牢固；味觉对心灵的安慰，是如此妥帖。

我喜欢让小孩子用"吃"来记住节日。那些批判"节日风气只剩下吃"的学者们，也许没有看过吃杨桃的老人那个电视剧。有时候，惦记一种味道，就是惦记一段经历，哪怕其间历经磨难。当令人流泪的美味飘至尘世上空，如天际的光线照亮尘封的岁月，一切的耀眼或黯淡都烟消云散，而舌间味觉犹在，心间暖意尚存。

所以我总是很认真地对待每一样节日小吃，尊崇传统，又历久弥新。希望孩子能记得住儿时过节的味道，哪怕日后身在异国他乡，也会闻味思亲。

关于端午节的粽子，除了整只蒸熟，其实吃法也可以稍微创新。

葱花香煎咸肉粽。把咸肉粽切成片，用平底锅煎至两面金黄，收火前撒上葱花。这种吃法外脆内软，小片小片的卖相，能增加食欲。

菜脯萝卜粒炒粽。把咸肉粽切成小块，萝卜干切成粒。

用萝卜干起镬，油热后倒进粽块，翻炒至金黄。喜辣的可加辣椒炒。也可用瓶装XO酱代替萝卜粒。这种吃法口感丰富，也能去糯米的腻。

白糖果仁碎蘸碱水粽。把花生、杏仁、腰果炒香，然后磨碎，拌上白糖。把碱水粽切成小块，在果仁碎里“滚”一下。蘸满果仁碎的碱水粽，吃来清香满口。

90.
功夫汤圆滋味长

凤姐喂刘姥姥吃茄鲞，刘姥姥死活不信那是茄子。凤姐就抑扬顿挫地把那材料繁多做工复杂的茄鲞菜谱一溜嘴“唱”了出来。听得刘姥姥说：“我的佛祖！倒得十来只鸡来配他，怪道这个味儿!”

红楼茄鲞的做法，拿广州方言来说，就是“妹仔大过主人婆”，或者“豉油贵过鸡”。不可思议的滋味，加上目眩神迷的奢华，令刘姥姥叫出了一声“我的佛祖”。刘姥姥感叹的何止是茄子。她在味蕾被茄子搞晕的巅峰之际，用最朴素有力的句式，道出了一个农村老太太对华美事物无以复加的赞叹。

美食的讲究，要一分为二地看待。如果讲究形式，巧立名目，以价为尊，那是商品。如果讲究滋味，不厌其烦，精益求精，则为上品。天下美食，情怀常在味蕾之上。配料精细，制作精心，能为食物注入鲜活的情感。

就像潮汕功夫茶，其滋味就在茶叶之上，更在于喝茶的气氛。精心制茶，细心泡茶，会心品茶，使其成为闻名天下的功夫茶。借鉴这一称呼，台山汤圆可谓汤圆中的功夫汤圆。其功夫不在搓汤圆，而在那出动山珍海味来配汤的架势，简直不输红楼茄鲞。

首先准备材料：鸡半只，白萝卜一个，芫荽一把，腊肠两根，花菇、瑶柱、鱿鱼干、虾米若干，最好再配一把菜心。花菇、瑶柱、鱿鱼干、虾米分别用温水泡软，腊肠切粒，备用。撕下鸡皮和鸡油，用生粉和盐腌一下，备来炒菜心。鸡胸和鸡腿肉切成丝，用油盐生粉姜丝腌过，备作汤料。鸡骨和瑶柱、虾米、花菇、鱿鱼干来煲汤。瑶柱、鱿鱼干、虾米、腊肠都有咸味，鸡丝又用盐腌过，汤底不用放盐。鸡汤煮出油，不要怕肥，糯米汤圆会吸油。用煲鸡汤的时间，把糯米粉和成面团，搓成汤圆，因为咸汤圆没有馅，靠汤汁入味，所以汤圆要搓小一点。萝卜洗净切成丝，放进汤里；芫荽洗净切碎，备用。待鸡汤变浓，呈淡黄色，就把鸡骨捞起，把鸡丝和腊肠粒放进汤里。把汤圆放进鸡汤里，煮至半透明并浮起半个身子，就撒上芫荽，收火。用鸡皮和鸡油起锅，加入姜蒜，生炒菜心。用鸡油炒的菜心特别浓香，且青青绿绿的，鸡皮用生粉腌过，炒起来像给菜勾了薄芡，菜色如翡翠。

我喜欢的甜汤圆有两款，一是广式桂圆姜汤汤圆，二是四川酒糟汤圆，都因汤底多了心思，而耐人寻味。但比较耐吃的，还是咸汤圆。台山咸汤圆又比客家咸汤圆滋味更丰富，因为多了鸡汤和萝卜丝。台山咸汤圆因其用料多，最是滋味悠长。有句老话叫一分耕耘一分收获。功夫茶让别的茶变得花哨，台山汤圆让别的汤圆显得幼稚。元宵佳节，一锅热腾腾的鸡汤咸汤圆，咸咸香香，“烟烟韧韧”，滋味悠长。只一口，就能吃出烹调者有多用心，有多深情。

91.
牛油果蜂蜜金银薯

有一次我请客，做的是牛扒。配主菜的除了土豆泥，还有一些牛油果泥。一黄一绿拌在淡蓝碎花的圆碟边，很好看。上桌时，客人却吓了一跳说：“哇，这么大一团芥辣，想呛死人啊!”浅尝一口后，就三两下把那团“芥辣”吃得精光。我把原只牛油果拿给他看，他怎么也不相信，这又粗又黑的果子，就是刚才那细滑可口的果泥。

牛油果是西餐常见的材料，可用来拌扒类、配面包或做沙律。它明明是植物果子，却有一种肉类的甘腴，且口感幼滑，果肉颜色漂亮，让人很想变着法子来吃它。

也许是习惯问题，我总觉得牛油果略微有点“闷味”。如果做沙律，我会加入小番茄。如果做果泥，就加葡萄干。微微的酸味和甜味，都能去掉牛油果的“闷味”。

除夕之夜，我准备好主菜，觉得还应该做一个甜品，甜甜蜜蜜才好。看看厨房角落里的竹篮，有芋头和番薯，还有几个土豆。好！可以做一道潮式甜品——糖浆金银薯。做法比传统返沙芋头、返沙番薯更简单，口味亦更清淡。我想想，冰箱还有一只牛油果呢。先把芋头、番薯、土豆切成粒，隔水蒸熟。把牛油果从中间切开，去核、去皮，将果肉切成粒，放进小锅，倒入蜂蜜，煮开即收火。把牛油果蜂蜜糖浆浇在蒸好的杂薯上，五彩缤纷，甜甜蜜蜜。

这道临时发明的甜品非常好吃，尤其吃完年夜饭，鱼肉比较多，吃点甜甜粉粉的粗粮，很去腻。再喝几杯热热醇醇的普洱茶，肠胃就像完全没吃过油腻东西一样爽利。

我想起一个电视节目，讲美国一些营养学家教父母怎样改变孩子挑食的习惯。有一个妈妈说儿子不喜欢吃牛油果。

专家就教她，每天给儿子吃一小块牛油果，一天增加一点，10天以后，有60%的孩子都会喜欢上以前不吃的东西。节目摄制组就跟踪拍摄这个倒霉的小男孩吃牛油果的表情。从作呕瞪眼，到厌恶吐舌，到无所谓。实验结束后，孩子说，还是不喜欢牛油果，但没这么讨厌了。专家大呼成功，号召父母们坚持。我心想，这算什么专家啊！连孩子爱什么味，不爱什么味，为什么爱，为什么不爱，都不搞清楚，就强迫孩子接受一种味道，这样的爱，我不知道是不是科学的，但一定是粗鲁的。

可惜那个不爱吃牛油果的小孩不是我的邻居，不然，我一定为他做一盘中国甜品——牛油果蜂蜜金银薯。

92.
冰雪之味

有些食物，一吃就喜欢。有些食物，看一眼就爱上。有些食物，光听名字，就令人神往。冰糖雪梨，就是最后一种。

这很难说清楚为什么。是它的味道滋润？是它的颜色出尘？在干燥的秋，冰糖雪梨，是食物中的一首诗。

张岱说，诗文贵有冰雪气。“剑之有光铓，山之有空翠，气之有沆瀣，月之有烟霜，竹之有苍蒨，食味之有生鲜，古铜之有青绿，玉石之有胞浆，诗之有冰雪，皆是物也。”

我想，张岱所说的冰雪气，就是万物最本质、最灵动、最鲜活、最清白之气。音乐的冰雪气是通透，绘画的冰雪气

是距离，灵魂的冰雪气是澄净，爱情的冰雪气是融化。

那么，食物的冰雪气，就是清白。

在名菜、贵菜、奇菜、匠菜、工艺菜横行的饮食氛围中，清白之于食物，正如冰雪气于诗文，是一种境界。

冰糖雪梨，是秋天最有冰雪气的美食。秋梨清甜多汁，生吃止渴，熟吃止咳。雪梨加上杏仁，有祛燥润肺的功效。以往我都是把雪梨切成粒，加南北杏煲水。雪梨水很好喝，但雪梨就没什么味了。后来用杏仁、冰糖蒸雪梨。南北杏用清水浸泡半小时。雪梨削皮去心，切成瓣状。把南北杏和冰糖撒在梨肉上，隔水蒸20分钟。这样蒸出来的雪梨吃起来依然爽口，且有淡淡的杏香。水果的糖分加热后，别有滋味，令我想起小时候大冬天里吃的——热热的蒸甘蔗。

秋燥时节，每天蒸一只冰糖雪梨。吃完梨肉，再把碗底的雪梨汁喝光，滋润入心。

就像有了相思才知道相逢的好，有了秋天，才知道冰糖雪梨的好。

93.
女人香

妈在家住的时候，我就会胖两斤。家务诸事有人管，美食从早到晚不间断。

明知临睡前吃夜宵是最易发胖的。晚上在书房出来，耸耸鼻子，好像闻到什么香味，到厨房看看，掀开瓦罐的盖子，原来是一锅红枣桂圆煲鸡蛋！

女人至爱的香味，怎经得住诱惑啊？我想，光喝点水，不吃鸡蛋吧。可是，鸡蛋吸了红枣的香，桂圆的甜，鸡蛋自身的嫩，又衬出莲子的粉，这几样东西放在一起，绝没有不吃的道理，更没有少吃一样的道理。

我舀了满满一大碗，想盛两只鸡蛋，又觉得太过分，就恋恋不舍地放下一只。我心满意足地吃着，对自己说，没关系，明天早上游泳时，多游两圈吧。

第二天吃早餐，妈端上来一锅现磨现煮的浓香豆浆，还有蒸得胖乎乎的馒头。我看着这样的早餐，心想，岂不是要多游四圈？游就游，吃吧。

吃完，带上游泳衣，准备去消耗昨晚的鸡蛋糖水和今早的豆浆馒头。妈说："今天起风，你昨天不是落枕吗？先别游泳了，肩膀受凉不好。"妈说得太有道理了，我不游泳了。那鸡蛋和豆浆，就让它们留在我的身体里，顺利长成妈喜欢的胖乎乎的我吧。

红枣桂圆煲鸡蛋，姐妹们要一起吃，不能我独胖。材料有红枣、鸡蛋、桂圆、莲子。鸡蛋煮熟后去皮，与红枣、桂圆、莲子同煲。莲子要先用清水泡软并去心。红枣与桂圆都有甜味，不需再放糖了。奉劝嫌鸡蛋太大太有营养而改用鹌鹑蛋的靓女打消这个念头。在红枣桂圆煲鸡蛋这款传统的女人糖水中，鸡蛋的香味是无可替代的。

94.
味觉的记忆

常有人问我，做某样菜有没有诀窍？当然有，每道菜都有诀窍，但诀窍不一定能在烹饪书上看得到。每个人都有自己家传的口味，都有自己的饮食偏好。所谓诀窍，只是使食物接近你所期待的味道或者情怀的办法，因材而异，更因人而异。书上又怎能说得清呢？

书上说，牛肉应当沿横纹切才嫩。而我亲见两个小学同学的妈妈，都是不屑于横切牛肉的。

一位妈妈沿竖纹把牛肉切成长长的细条状，用香料腌过，晒干，做成肉干。同学不时带一两条回学校啃，成为我们班最著名最奢侈的零食。这位同学有次踢球碎了人家的玻璃窗，老师责令他上门给人赔礼道歉。他战战兢兢地，叫我陪他去。去就去吧，谁让我是班干部呢。他感激得要死，第二天带了一点牛肉干回来给我吃，被另一位男同学发现了。后者对前者说，我有一盒爸爸从香港带回来的维他奶，和你换牛肉干吃怎么样。牛肉干同学不为所动，仍然把牛肉干给了我。作为对他的报复，维他奶同学也把维他奶送了给我，以削弱我对牛肉干的好感。结果是，我提议用我们吃课间餐的饭盒盖子，每人装一些维他奶尝尝，牛肉干，则掰成了三份，我们放在上衣口袋里，不时举起书本遮住脑袋，低头啃一啃，居然啃了一天。

还有一位妈妈把牛肉剁碎，用辣椒干爆炒成辣椒酱，用玻璃瓶封在冰箱里。我去过这位女同学家吃面条，清汤挂面，舀一大勺牛肉辣酱拌着吃。一屋人吃得稀里哗啦，旁若无人。那是我第一次领略到，美味是有气势的。

如今日本餐馆都兴打牛肉招牌，雪花牛肉，霜降牛肉，听音乐长大之牛牛的肉，赋予味觉无穷的想象力。那些身矜肉贵的牛肉刺身，令人小心翼翼地举筷，连呼吸都轻盈起来，生怕把牛肉吹走。可我总觉得，牛肉薄若蝉翼，又被铺底的碎冰冻着，吃起来除了芥末味，就是豉油味。有个朋友叹息道："可惜这厨师刀工太好了。我们家乡吃牛肉，都是大块大块炖的，那个肉香……唉！"我想起了遥远的牛肉干和牛肉辣酱，会心大笑起来。谁规定牛肉要横切，要切薄？

我们更喜欢记忆中的味道，喜欢味道中的记忆。

味觉是有习惯的。暑气盛，妈妈就煲凉茶。秋风起，妈妈就煲糖水。这也成了我的习惯。买菜时看见饱满的风栗，我知道，现在栗子又粉又甜，该煲糖水了。

最传统的搭配，往往是最耐吃的味道。冰冻红豆沙加炼奶和西米，口感甜滑，但不如传统的风栗红豆沙热热稠稠沙沙糯糯。罐头水果加去皮绿豆混合起来的糖水，有趣，但不及臭草老火绿豆沙。这才是真正的红豆绿豆沙，而不是以红豆绿豆元素加工的糖水。吃蛋挞我只吃纯蛋香的，不要什么燕窝鱼翅做的。吃粽子我只吃绿豆咸蛋五花肉的，不吃花哨昂贵莫名其妙的鲍鱼粽。但愿这只是因为我的味觉越来越诚实，而不是因为我老了。

诚实的口味，还有诀窍吗？

我外婆说，煲红豆沙的诀窍，是要放冰片糖，不能放白糖。白糖不香，也会转水，令红豆沙不黏滑。

我妈说，煲红豆沙的诀窍，是要够浓稠，水放太多，怎么煲都不起沙。

我的诀窍是，煲红豆沙，一定要放新会陈皮。陈皮令红豆沙的味感更深厚，质感更温存。没有陈皮的红豆沙，是甜水，有了陈皮，就是甜品。先把红豆、陈皮洗净，栗子去壳

后用清水煮20分钟，再用冷水泡过，然后去“衣”。把红豆、陈皮和栗子放进砂锅，加入清水同煲。水沸后转文火慢熬2小时，再转中火煲10分钟，令其变稠滑。加入冰片糖，收火。待糖完全融化，就可趁热吃。传统的红豆和绿豆糖水，热吃比凉吃更香。

任何美味都有诀窍，而且还不止一个。而诀窍不在书上，在每个人味觉的记忆里。

95.
黄豆沫也有春天

我一直希望找一个乡下的石磨来磨豆浆。小时候去外公的家乡，那是梅州的一个小村子，坐落在世外桃源般的大山里，山上有座前庭柚树后院梅花的海棠寺，我的姑婆就是海棠寺的住持。

我至今记得姑婆点着煤油灯通宵做豆腐的情景。我用一个大木勺，把用山泉水浸软的黄豆舀进石磨上方的小孔中，

姑婆转动着笨重的石磨，洁白的豆浆缓缓流出。祠堂里，灯影如豆，人影摇摇，豆香也摇摇。

从豆浆变成闻名天下的客家山水豆腐，中间还有不少工序，我都忘了，

只记得蒸豆腐之前，姑婆会盛起一大碗热热稠稠的豆浆给我喝，那是我喝过最浓滑的豆浆。

姑婆曾是村里的大美女，却终身自梳未嫁，在海棠寺里收养了很多孩子，从小教他们读书识字，长大又为他们操持婚嫁。姑婆年老时，子孙满堂。如今姑婆已经不在了，姑婆的青春是短暂的，而她磨的豆浆和她慈悲的心肠，却长久地令人怀念。

前几年我重游海棠寺。想找一个石磨带走，转来转去，只在厨房里看见两台比我家功能还多的豆浆机。我怅然离去时，车上放着《野百合也有春天》，歌声让我深深地想念姑婆。虽然我对她的身世有过很多猜想，从来也不知道真实的答案，但我知道姑婆的心，一定也有过春天——“仿佛如同一场梦，我们如此短暂的相逢，你像一阵春风轻轻柔柔吹入我心中……就算你留恋开放在水中娇艳的水仙，别忘了山谷的寂寞的角落里，野百合也有春天。”

我常常在厨房打豆浆时想起姑婆。人生是那么不同，谁都喜欢香甜的豆浆、滑嫩的豆腐，有人会喜欢豆渣豆沫吗？我常不舍得把豆沫倒掉，放在掌心揉那细腻柔软的白色泡沫，觉得很性感。闻一闻，豆沫是很香的！最美的女人，不管在什么状态，总是心香如兰的。对了，姑婆的名字叫菊兰。

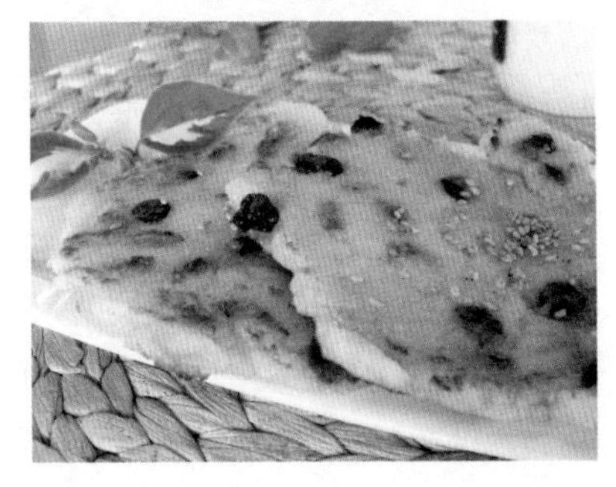

黄豆有营养，豆沫一定是有用的。如今几乎家家户户都自己做豆浆，天天把豆沫倒掉，实在太可惜了，变废为宝，只是举手之劳。把豆沫和上鸡蛋清做成面膜敷脸，可使皮肤水白嫩滑。把磨过豆浆的黄豆渣沫盛起，加入面粉和糯米粉拌成糊状，加入白糖和葡萄干拌匀。在平底锅上放点牛油，把面浆摊成小块，慢火两面煎至金黄，煎时可两面撒点芝麻，就是葡萄干豆香小煎饼了。煎好趁热吃最佳，外脆内软，豆香满口。知遇识香人，黄豆沫也有春天。

96.
芋仔的优雅转身

我小时候很喜欢过中秋节。中秋必回外公家，外公住在解元路一座三层高，有窄窄的木楼梯的旧楼里。丰盛的晚餐后，我就和其他小孩们提着纸灯笼在石板街的小巷中游走嬉戏。有些调皮的小男孩，最爱把灯笼举到下巴，伸出舌头，借着摇曳的烛光装鬼脸吓人。我们玩疯了回到家中，月正中天，外公外婆早已在天台上摆开各式月饼、紫苏炒田螺、沙田柚、芋头仔……这个晚上，所有的小孩都不必像平时那样早早上床，可以尽情地晒月光，听关于月亮的各种各样的传说。

梅州的姑婆每年都叫人捎来她亲手种的柚子，肉是略带粉红的，很晶莹，酸酸甜甜，可口之至。随柚子一同捎来的，还有给我们全家人求的平安签。外公劏柚子，只开个盖，柚肉一旋就整个脱出来了。再把柚皮用手撑圆，用剪刀镂空些图案，里面插上蜡烛，就做成了灯笼，让我提着玩。很多年以后，我在美国过了一个万圣节，一个老外得意地向我展示他雕的鬼脸南瓜，里面也可以插蜡烛。我一看，所谓的鬼脸，无非是在硬的南瓜皮上戳几个几何图案，心想，这比起我外公的柚皮灯笼手艺，可是小巫见大巫了。

柚皮灯笼不可多得，纸灯笼却可以挂满天台的四周，把天台照得亮堂堂、喜洋洋，照得桌上的美食更诱人，照得小孩的眼光更闪烁。有一年，风特别大，把灯笼吹歪了，着起火来。一个着火，一排纸灯笼都着火，蔚为壮观。好在天台有水池，大家把田螺和芋仔往桌上一倒，拿着碗碟装水，笑喊着把火灯笼扑灭了。赏月变救火，也很刺激。

还有一年，我因不听大人劝，吃了过多的芋仔，腹胀胃痛，要去当时还在惠福路的省人民医院吊针。急诊室里，坐在我对面吊针的小男孩，也是肚子痛被送来的。我们望见彼此，稍感庆幸，自己不是世上最贪吃的小孩。

现在我仍然盼望过中秋节，我希望能多做好吃好玩的，让女儿过上她期待的中秋节。可是，她和她的小伙伴们却不像我们小时候那么期待过节了。也许还小，分不清节日的区别。中秋问是不是吃粽子，端午问为什么没有汤圆。也许是平日好吃的太多了，过节失去了兴奋点。

我买了些纸灯笼，送给邻居的小孩们。这些灯笼不用点蜡烛，用一个小灯泡来照明，又安全，又安静，没有塑料灯笼那种走调音乐带来的噪音。小孩们未见过这样朴素的纸灯笼，倒觉得有点新奇。大家约好了，中秋晚上，提着灯笼，到江边参加小区的游园会。

我曾在揭阳的堂哥家过中秋。揭阳至今仍保留着中秋拜月的习俗。晚饭后，家家户户的阳台上都点着摇曳的烛光，女主人领着孩子，对月许愿。女儿对这一切很惊喜，她说，拜月就是月亮下的大PARTY。我希望她能保留多一点对月缺月圆的神秘感，保留多一点对中秋节的期待。

该用什么办法来让遍尝美食的小孩保持对节日的期待呢？我能做到的，就是不断做出有新意的美食，来灌注传统的温情。

芝士焗芋仔。把芋头仔洗净，对半切开。用微波炉中火焗5分钟，取出。把芝士片剪成条，成井字形放在芋头上面。再焗3分钟即可。

芝士焗番薯。把紫心番薯洗净切成块，用微波炉中火焗6分钟后取出。把芝士条铺在番薯块上，再焗3分钟即可。

海盐焗花螺。材料有新鲜花螺、海盐、辣椒干、花椒、八角、香叶、甘草和姜。在热锅中放入姜片稍炒，不用加油，再加入香料炒匀，最后放海盐，用中火把海盐炒至高温。花螺洗净放在砂锅底。把炒热的海盐铺在花螺上，把花螺埋住，盖上砂锅盖子焗15至20分钟即可。用牙签挑出螺肉吃，鲜甜嫩滑。若喜欢香口，则可焗久些，让螺肉变韧香。上桌时可把花螺挑出盛在碟内，也可留在整锅海盐中，边吃边找，玩寻宝游戏。此物下酒极佳。

婀娜的花螺比起田螺，别有妙曼风情。海盐焗花螺，带着浓浓的海水味，螺肉佐酒，如闻月下潮声。至于芝士焗芋仔和番薯，经过微波炉转盘上的优雅转身，令人不认得它们原来的样子了。芝士是略带咸香的，与芋仔和番薯的淀粉之甜相得益彰，口感华丽。我想，如果嫦娥看见这些点心，会更深深地留恋人间。

97.
酸酸甜甜青芒沙律

夏天，很多小区路边的芒果树，都挂满沉甸甸的青芒果。我喜欢看见满树的芒果，更喜欢看见有人摘芒果。几个小孩子，用绑上铁钩的晾衣竿，去勾树上的芒果。孩子们踮高脚尖，举起双臂，伸长脖子……还不够高，再找个瘦子骑坐在胖子肩膀上，歪歪斜斜地使着劲。果落地，人倒地，欢呼雀跃。

看着小孩子摘芒果，我就想起小时候去罗浮山军营里玩的情景。我爸有个老领导，我叫他余伯伯，他们家就住在那里。每年我们全家都会去罗浮山住一阵子。那是在城市长大的我最企盼的时光。余伯伯有一双儿女，姐姐叫晓军，弟弟叫晓明，都比我大些。我一来，他们就领我满山疯跑。晓军背我蹚着圆溜溜的鹅卵石过小河，晓明爬上树帮我摘野果。

我们还溜进人家的菜园里偷大蒜吃，他俩吃得爽脆有声如嚼甘蔗，我咬一小口，呛得眼泪直流几乎晕倒。每次走的时候，余伯母都给我们装上一大篮子的山货。有地瓜、芋头、大蒜、瓜果，好多都是晓军、晓明领着我去摘、去刨的。

那时我和晓军要好些，和晓明老是斗嘴。不过每次不管我和晓明谁有理，余伯伯总是护着我，训晓明两句。晓明愤愤不平，有玩具水枪不给我玩，还在屋里画一条线，叫我不要踏过他的领地。后来他们到广州玩，住在我家，我妈蒸水蛋给我们吃，我也拿筷子在碟子中间画一条线说："这边是你的，这边是我的，别吃过界了！"

有一年，我们是春节前去罗浮山的，漫山遍野的桃花开了。余伯母领我和晓军、晓明上山砍桃花。我站在花树下仰望着映在澄蓝天空下红艳艳的桃花，晓军、晓明一跃上树，花瓣抖落我满身满脸，那是我第一次知道，美是会令人战栗的。那一年，我们扛着一树粗壮而野趣逸然的桃花回广州，插了一个春节，宾客俱羡。

后来余伯伯一家搬到了深圳，我再也不能到罗浮山军营里玩了。晓军、晓明他们，也没有再回去过。他们也会想念那穿山戏水，嚼蒜如蔗的童年吧？后来慈祥的余伯伯不在了，我们两家人来往渐渐少了。晓军、晓明长大、工作、结婚、生子，我也在另一个城市，做着同样的事情，我们三个儿时的小伙伴来往就更少了。

看见小孩子摘芒果，我突然想起背我过河的晓军，想起和我划清楚河汉界的晓明，想起疼爱我的余伯伯，想起罗浮山的野果和桃花。

有一次我去看望正在坐月子的女友小梅。她家门口也有一路结了青芒果的芒果树。我问她："这果子能摘吗？"小梅说：“不用摘，昨天小区管理员才送来一篮，说每家分一点。酸得要死，正要扔掉呢！”我说：“这么青的皮，谁让你就这样吃，牙不酸掉才怪呢。”我把那篮芒果抱进厨房，又把我买来给她煲鱼汤的青木瓜切了点，加点苹果、青瓜和彩椒，切成丝，拌了一盘沙律。

小梅吃得几乎尖叫，说想不到青芒果竟然比熟芒果还好吃。我说，那是因为，熟芒果到处都能买到，酸酸甜甜的青芒果，只能自己摘。芒果又熟得快，一不小心，就错过了。

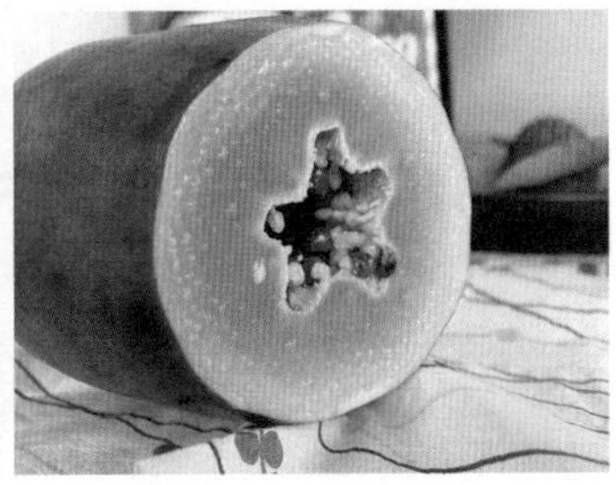

98.
未恨君生早

冬枣当时，清甜爽脆。但我总觉得冬枣少了点红枣的香味。没有女人是不喜欢红枣味的，特别是红枣煲鸡蛋那温补的香味，想想都浑身舒服。

红枣是枣，冬枣也是枣，只是红枣生得比冬枣早，早到不得不被人晒干，才能等到冬枣的亭亭。而红枣不惜。那藏着尘埃的褶皱，嵌着守候的沧桑。当一粒青翠的冬枣遇见一粒深沉的红枣，想起那前世的约定，会感慨“我恨君生早”吗？难怪冬枣会脆成这样，轻轻咬一下，就整个裂开，那喇喇的声音，是它的声声叹息吧。

以上呓语，是我在山东旅游，吃了太多冬枣，晚上睡不着时的胡思乱想。

从山东回来后，我常想起那唐瓷上的无名诗：

> 君生我未生，我生君已老，君恨我生迟，我恨君生早……

我要做一道甜品，让相逢太晚的恋人，补回错过的甜甜蜜蜜。

如有神助。我以往发明一道新菜时，总要想一想，材料、搭配、步骤、效果，等等。而做这道“未恨君生枣”，却想都不用想，一动手就做了出来，且一做就成功。好像不是我在做，而是枣儿自己主宰着自己，伸展自己，浸融自己，去赴那生死的约会。

这就是莲子双枣糖水。把红枣和莲子洗净，用清水浸泡，莲子泡软后去心。取新鲜冬枣洗净，一剖为二，去核。把红枣和莲子用蒸馏水煮15分钟，再加入冬枣同煮5分钟，收火。待红枣冬枣水稍冷却，加入桂花蜜糖拌匀，吃之前撒上点桂花更香更好看。

糖水清而不稀，有丝绸般醇滑的质感。红枣的厚香和冬枣的清甜各不相掩，又紧密浑然，每一口，你都会更相信，他们就是天荒地老的恋人。

加了莲子，糖水更多了莲的清馨。莲子吃起来粉粉香香，很可口。莲子是所有恋人都喜欢的名字，并蒂之莲，早

生贵子。有莲子，便修得正果。

因为放的是桂花蜜，所以再撒点桂花，滋味更突出。而且，“落花水面皆文章”，金黄的桂花落在藏红掩翠的“湖面”上，是怎样绮丽的情景？这场约会，哪怕迟到千年，也值得等待。

99.
香草绿豆的乡愁

“香草”绿豆沙是为好听而已，其实香草就是臭草，芸香科植物，一闻有强烈气味，再闻觉香甜，有祛风、清热的功效。市场上不常见有臭草卖，但绿豆沙无臭草黯然失色，后来我想了个办法，到花圃里花5元买了一盆，放在阳台种，煲糖水时就剪一小段。

我有个华人朋友杰克，是前纽约警察局的功臣，曾在“9·11”时救过很多人。杰克平日最大的兴趣就是唱粤曲和吃广东菜。他退休后回广州旅游，临走时说，这次回国吃遍山珍海味，却仍觉遗憾，没吃到几十年梦牵魂绕的臭草煲绿豆沙。他在文德路一带的糖水铺连吃几家，都觉得没有臭草或味不够浓，有点扫兴。

杰克说："我去过古巴，去过越南，去过法国，最后到了美国，走到哪都时时想起小时候妈妈煲的臭草绿豆沙。如今再也吃不到了。"

我说："走，我煲给你吃。"

我在阳台摘下臭草取小段，洗净，与绿豆一起放进砂锅中，放清水煲。猛火煲半小时，转文火，绿豆皮浮起，用滤网捞走。再转猛火煲5分钟，又转文火，又会有绿豆皮浮出，再捞走，如此反复操作，直到基本无豆皮可捞。这是绿豆沙得以口感绵滑的关键。最后放入片糖，收火。

我拿青瓷花碗盛出，放到老杰克面前，他吃了一口，眼睛红了。

一室香草馨，满眼天涯泪。

100.
蜘蛛网和冰裂纹

从台湾旅游回来的第一天早上，我就煮了茶叶蛋做早餐。一来是想尽快用上在台北故宫买的"清先生"餐具，二

来是回味日月潭的阿婆茶蛋，聊以解馋。

“清先生”系列精品是意大利著名设计师吉欧凡诺尼根据台北故宫所典藏的乾隆画像所设计出来的一套工艺品，有调味瓶、椒盐罐、鸡蛋杯、牙签盒、钥匙扣等生活用品，妙趣横生。

那个蛋杯的设计很有意思，清先生平时戴着帽子，帽子拿下来，头上可以放个鸡蛋，把帽子翻过来，可以往鸡蛋上撒盐。他手中的小勺子，还可以拆下来敲鸡蛋壳。

“清先生”价值不菲，但我看到的第一眼就喜欢上了。古老的灵感，现代的气息，这是多么迷人的生活情调。女儿兴致勃勃地把茶叶蛋放到了乾隆的“脑袋”上。

我选的鸡蛋个头不大，比较容易入味。日月潭边大名鼎鼎的阿婆茶蛋可是个头很大的，不知她如何做得这么入味，蛋黄喷香，难怪名声远扬。阿婆今年80多岁，已经卖了58年茶叶蛋了。随着日月潭的游人日益增多，茶蛋也越来越好卖，现在每天能卖6000个。

阿婆的茶蛋除了味道好，茶水在蛋白上形成的“冰裂纹”也很好看。我在阳光下看来看去不舍得吃，仿佛看一件故宫里的钧窑精品。

阿婆的茶蛋没有大招牌，只有个纸牌写着“古早味的茶叶蛋”。古早就是久远的意思，在台湾，满街的小吃店，都能看到“古早”二字。对他们来说，卖58年茶叶蛋的确不算什么。随随便便一碗海鱼粥，一碗牛肉面，一笼蒸包子，一碟小糕点，都可以卖个上百年，延续几代人。

这些食店门面简陋，因为食客更看重真材实料。这些老房子低矮缺修，因为这里尊重私有财产，不可以成片推倒重建。这些掌柜代代相传，因为这里不兴常常换口味，“古早”比新奇更珍贵。

传统能给我们无限的灵感。朴实能给我们最本质的享受。用“清先生”蛋杯装上茶叶蛋，确是一种耐人寻味的美味。

我做的茶叶蛋的茶叶一般是选铁观音、白茶、普洱混合，色泽和香味都醇厚。可以先泡上几泡茶之后，再用泡开的茶叶来煮，一点也不浪费。在混合茶叶中加入冷水、盐、鸡粉和鸡蛋，水要完全盖过鸡蛋，盐要多放。开火煮10分钟。把蛋壳均匀地轻轻敲裂开，熄火。静置一夜。次日开火重新煮沸即熄火。随时食用。

曾有邻居问我茶叶蛋的做法，我说不能煮太久，要浸入味，蛋才不老。把蛋壳均匀敲裂，就会浸出冰裂纹。她想了一下说：“冰裂纹？哦，你说的是蜘蛛网吧！”